BIENEN

Bedeutung, Haltung und Schutz der fleißigen Nützlinge

Derek Hall

BIENEN

Bedeutung, Haltung und Schutz der fleißigen Nützlinge

NEUER
KAISER
VERLAG

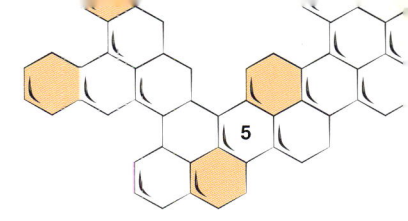

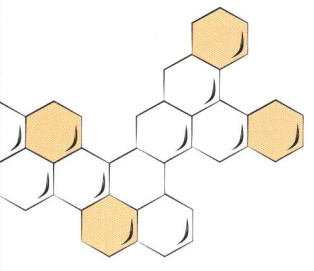

Inhalt

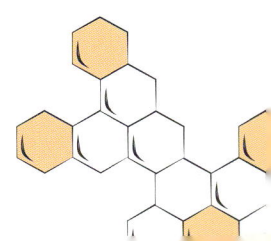

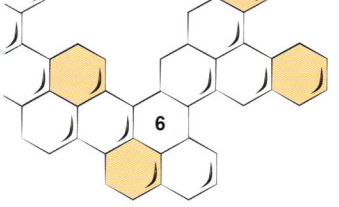

EINLEITUNG

Bienen sind bemerkenswerte kleine Insekten. Seit etwa 100 Millionen Jahren gehen sie ruhig und effizient ihrem Geschäft nach, das darin besteht, ihre Nahrung aus Nektar und Pollen zu sammeln, den die Blüten produzieren. Dabei leisten sie den Pflanzen, die sie besuchen, einen wertvollen und lebenswichtigen Dienst und letztlich auch menschlichen Wesen sowie Tieren, da sie bei ihrer Futtersuche die Pflanzen bestäuben, damit die Befruchtung fördern und so die Verbreitung und Erhaltung von Pflanzenarten sichern.

Manche Bienen, darunter Hummeln und Honigbienen, werden als soziale Bienen bezeichnet, da sie ein unglaubliches und ausgetüfteltes System der Arbeitsteilung und eine genau festgelegte Hierarchie entwickelt haben, dank welcher Hunderte oder sogar Tausende dieser Tiere in enger Harmonie zusammenleben können. Sie bauen die inneren Strukturen ihrer Wohnung, verteidigen sie, kümmern sich um die gegenseitigen Bedürfnisse und sie legen Nahrungsvorräte an, um das Volk durch magere Zeiten zu bringen. Genau diese Nahrung – der Honig – ist ein weiterer Grund, warum Bienen für uns Menschen so wichtig sind, denn der hohe Wert dieser Substanz für unsere Ernährung und unsere Gesundheit ist seit Jahrtausenden nachgewiesen.

▶▶ *Bienen im Anflug auf ihren Bienenstock.*

▶▶ *Bienen bei der Arbeit in der Wabe.*

▶▶ Oben und unten: Bienen tun nicht nur sich selbst Gutes, sondern erweisen auch den Pflanzen, die sie besuchen, einen lebenswichtigen Dienst, indem sie sie bestäuben und den Artenerhalt vieler Pflanzen sichern.

Anders als unsere Vorfahren plündern wir aber nicht mehr die Nester von Bienen, um ihren Honig zu stehlen. Stattdessen „halten" wir Bienen in einer streng regulierten Art und Weise und öffnen zeitweise die besonders konstruierten Nester, die wir ihnen bereitstellen, ohne sie zu zerstören. Wir entnehmen nur einen Teil des Honigs und lassen genug übrig, damit die Bienen ihren eigenen Bedarf decken können.

Die grundlegenden Prinzipien der Bienenhaltung haben sich in den letzten Jahrhunderten nicht wesentlich geändert, auch wenn allmählich eine Vielfalt an Formen und Bauweisen der Bienenstöcke entstand, ebenso wie neue Werkzeuge für den Handel, die Ernährung und andere damit zusammenhängende Utensilien, die sich unweigerlich rings um solche Aktivitäten ansammeln.

▶▶ *Die Haltung von Bienen ist mittlerweile nicht nur den Imkern vorbehalten. Immer mehr Privatleute siedeln Bienen in ihrem Garten an – oder sogar auf dem Balkon oder der Dachterrasse.*

>> Links: Bienen spielen auch in Kunst und Architektur eine Rolle.

>> Unten links und rechts: Die meisten wilden Bienen-arten bauen entweder einzelne oder komplexe Nester im Boden. Einige Arten legen Nester aus Erde, Blättern oder Harz (Propolis) auf Felsen und Pflanzen an und nutzen dazu bisweilen Hohlräume in Bäumen, Felsen oder Pflanzenstängeln oder sogar Insektenbohrlöcher oder Pflanzengallen.

Was die Details der Bienenhaltung betrifft, gehen die Ansichten auseinander, aber die Grundregeln haben Bestand, ganz gleich, welche Methoden angewandt werden:

▶ Entwickeln Sie Verständnis für die Lebensweise der Honigbienen, wenn Sie mit ihnen arbeiten.

▶ Verwenden Sie qualitativ hochwertige Gerätschaften und gute Verfahren.

▶ Holen Sie sich kompetenten Rat, den Sie in dem Maße, wie Sie Ihre eigenen Erfahrungen machen, an Ihre Bedürfnisse und die Ihrer Bienen anpassen.

▶ Berücksichtigen Sie die Folgen, die die Anwesenheit von Bienen für Ihre Nachbarn und Ihre eigene Familie hat.

▶ Halten Sie Werkzeuge und Geräte sauber und in gutem Zustand.

▶ Arbeiten Sie nur mit guten Bienen aus einer verlässlichen Quelle.

Heute halten wieder viele Menschen Bienen, einerseits weil sie einen kleinen Beitrag dazu leisten wollen, unsere zurückgehenden Bienenvölker zu erhalten, und andererseits, um all die Produkte zu genießen, die das mit sich bringt.

▶▶ *Die Erzeugnisse des Bienenvolks sind vielfältig und finden sich in Form von Nahrungsmitteln, Produkten zur Gesundheits- und Schönheitspflege sowie Kerzen.*

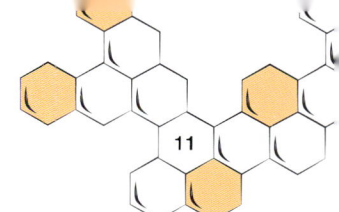

>> *Honig ist viel mehr als ein köstlicher Leckerbissen: Seit jeher wird er wegen seiner wichtigen nährenden und heilenden Eigenschaften geschätzt.*

In diesem Buch werden viele Aspekte der Bienen und der Bienenhaltung besprochen, dennoch ist es nur eine Einführung in die Welt der Bienen und ein einfacher Führer zu ihrer Pflege. Ernsthafter Interessierte brauchen sicher auch Spezialbücher zum Thema, welche die Feinheiten der Bienenhaltung detaillierter besprechen. Es lohnt sich auch, sich an einen Imkerverein zu wenden, um aus erster Hand zu erfahren, was alles dazugehört.

Ebenso wichtig wie die Haltung von Bienen ist es, dass diese – ebenso wie ihre wildlebenden Artgenossen – genügend Nahrung finden. Dazu können Sie einen wesentlichen Beitrag leisten,

indem Sie Ihren Garten bienenfreundlich gestalten, d. h. solche Pflanzen ansiedeln, die mit einem hohen Nektar- und Pollengehalt allen Arten von Bienen ausreichend Nahrung bieten. Im hinteren Teil des Buches finden Sie deshalb zahlreiche Blütenporträts sowie einen Blühkalender, die Ihnen als Entscheidungshilfe dienen sollen. Jedes Pflanzenporträt listet in einem Steckbrief die wichtigsten Eigenschaften auf und gibt Informationen zur Pflanzung und Pflege. Lassen Sie sich davon inspirieren und freuen Sie sich darauf, wenn es in Ihrem Garten bald nicht nur farbenprächtig blüht, sondern auch summt und brummt!

▶▶ Links: Ein Imker in Schutzkleidung inspiziert seine Bienen. Rähmchen sind die Strukturen, die die Honigwaben oder die Brutwaben innerhalb des Stocks tragen. Sie sind ein Schlüsselelement des modernen „beweglichen" Bienenstocks, da man sie leicht herausnehmen kann, um die Bienen zu kontrollieren oder überflüssigen Honig zu entnehmen.

▶▶ Unten: Bienenkörbe aus Gras- oder Strohwicklungen waren früher üblich. Sie haben unten einen einzelnen Eingang und zunächst kein Innenleben mit Strukturen für die Bienen. Diese Bienenkörbe haben zwei Nachteile: Der Imker kann das Innere nicht auf Krankheiten und Schädlinge überprüfen und die Entnahme des Honigs ist oft mit der Zerstörung des ganzen Stocks verbunden.

▶▶ Links: Schwarm von goldenen Riesenbienen, eine Installation am Nordeingang des Eureka Tower im australischen Melbourne. Die Bienen wirken so, als könnten sie jeden Augenblick davonfliegen.

▶▶ Rechts: Nach Berichten über die weltweit zurückgehende Zahl der Bienen sollte diese Skulptur auf Governors Island, New York, die Öffentlichkeit auf die Bedeutung des Erhalts von Honigbienen für die Zukunft unseres Planeten aufmerksam machen.

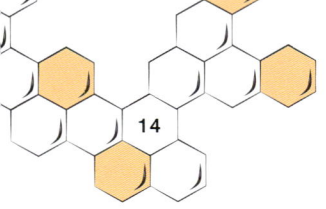

1. KAPITEL

BIENEN UND ANDERE INSEKTEN

Wenn wir an das Wort „Biene" denken, haben die meisten von uns das Bild eines kleinen, plumpen, eher flauschigen Wesens vor Augen, das an einem heißen Sommernachmittag summend und gemächlich von Blüte zu Blüte fliegt und dabei die Blumen in unseren Gärten bestäubt. Dieses Bild ist vollkommen richtig, und das Tier, das wir vor Augen haben, ist höchstwahrscheinlich eine Hummel (Familie *Bombus*) oder sogar eine Honigbiene *(Apis mellifera)*. Doch die Hummel und die Honigbiene sind nur zwei von den vielen unterschiedlichen Arten (oder Spezies) von Bienen auf der Welt. Insgesamt gibt es mindestens 20 000 Arten davon. Manche Bienen, darunter auch Hummeln und Honigbienen, leben in sozialen Kolonien als Völker zusammen, während andere wie die Erdbienen und Kuckuckshummeln mehr oder weniger solitär leben.

▶▶ *Es gibt mehr als 250 Arten von Hummeln auf der Nordhalbkugel.*

Und obgleich wir bei Bienen meist an ein harmonisches Zusammenleben in Stöcken oder Körben denken, gibt es tatsächlich viel mehr Arten von Solitärbienen auf der Erde als Bienen, die in Völkern leben.

Alle Bienen, ganz gleich, zu welcher Art sie gehören, sind ein Teil der enormen Gruppe von kleinen Lebewesen, die als Insekten bezeichnet werden. Zu den Insekten gehören einige der bekanntesten Tiere der Welt, aber auch einige der unbekanntesten und geheimnisvollsten. Zu den bekanntesten gehören die verschiedenen Arten von Fliegen, Wespen, Flöhen, Käfern, Motten, Schmetterlingen, Libellen, Grashüpfern und Blattläusen. Die raupenartigen Wesen, die Gärtner auf Pflanzen oder im Boden finden, können die Larven vieler Insekten sein, während andere Insekten entweder so klein oder so selten oder versteckt sind, dass nur Fachleute, die sie erforschen, ihnen je begegnen, und das möglicherweise nur durch Zufall.

▶▶ Oben: Honigbiene an einer Blüte

▶▶ Unten: Die Kuckuckshummel (Gattung *Nomada*) hat eine ungewöhnliche Art sich auszuruhen: Sie hängt sich mit ihren Mandibeln, ihren Kiefern, an eine Pflanze.

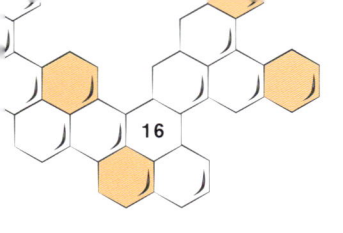

Insekten sind in vieler Hinsicht bemerkenswert und sie sind wohl die erfolgreichsten Lebewesen auf Erden. Es gibt mehrere Millionen verschiedene Insektenarten – wir wissen nicht genau, wie viele es sind, da an entlegenen Orten wie im Regenwald ständig neue entdeckt werden. Da es so viele unterschiedliche Typen gibt, haben sie es geschafft, fast jeden Lebensraum zu Lande zu besiedeln; eine Ausnahme sind nur die kältesten Teile der Polarregionen.

Überraschenderweise ist es trotz ihrer überragenden Fähigkeit, sich in jeder erreichbaren Nische zu Lande einzunisten, nur sehr wenigen Insektenarten gelungen, im Wasser zu leben. Ein paar Tatsachen können eine Vorstellung vom enormen Ausmaß der Insekten vermitteln: Es gibt viel mehr Insektenarten als Arten von allen anderen Tieren auf der Welt zusammen. Und wenn man alle auf der Welt lebenden Insekten auf eine Seite einer kolossalen Waage legen könnte und alle anderen Tiere auf die andere, wären die Insekten bei Weitem schwerer.

Insekten sind Wirbellose oder Invertebraten, also Tiere ohne Rückenwirbel, und das verbindet sie mit einer immensen Fülle an Wesen, die in der Luft, im Boden, auf Bäumen, unter Felsen und in allen Arten von Lebensräumen in Süßwasser und im Meer leben. Würmer, Schnecken, Nacktschnecken, Seesterne, Quallen, Spinnen und Milben sind ebenfalls Wirbellose, doch es gibt noch Tausende weiterer Arten.

▶▶ *Oben: Die Hornissen-schwebfliege (Milesia virginiensis) imitiert das Aussehen von Hornissen. Dieses ausgewachsene Tier ernährt sich von Pollen.*

▶▶ *Unten: Als Wespe wird üblicherweise jedes Insekt der Ordnung Hautflügler (Hymenoptera) und der Unterordnung Taillenwespen (Apocrita) bezeichnet, bei dem es sich weder um eine Biene noch um eine Ameise handelt.*

Insekten gehören zum größten Stamm der Wirbellosen: zu den Gliederfüßern *(Arthropoda).* Zu diesem Stamm gehören unter anderem auch Krabben und Spinnen.

Die Körper der Gliederfüßer sind in feste Panzer eingeschlossen, die als Außenskelett (oder Exoskelett) bezeichnet werden, und ihre Gliedmaßen sind aus mehreren Abschnitten zusammengesetzt (tatsächlich kommt das Wort „Arthropode" von altgriechisch *arthron,* deutsch „Glied, Gelenk", und *podos,* deutsch „des Fußes"). Arthropoden kann man sich vorstellen, als trügen sie einen Panzer mit beweglichen Gelenken; das Außenskelett schützt die weichen Innenteile des Körpers der Tiere und hilft ihnen, innerhalb des Körpers Wasser zu behalten.

▶▶ *Schnecken (Weichtiere,* Mollusca*) und Seesterne (Stachelhäuter,* Echinodermata*) sind ebenso wie die Gliederfüßer* (Arthropoda) *Stämme innerhalb der Gruppe der Wirbellosen, welche 95 Prozent aller Tierarten umfasst.*

▶▶ *Eine der vier nicht-parasitären Bienen-familien sind die* Andrenidae. *Zu ihnen gehören einige Arten, die nur in der Abenddämmerung aktiv sind.*

Insekten selbst bilden die Klasse *Insecta,* die größte der zahlreichen Klassen innerhalb des Stammes der Gliederfüßer, von der die Bienen zu einer weiteren Unterabteilung gehören, zur Ordnung der Hautflügler *(Hymenoptera).* Diese Ordnung, eine von etwa 28 Ordnungen in der Klasse *Insecta,* beinhaltet auch die Wespen und die Ameisen – die engsten Verwandten der Bienen (und im Falle der Wespen wahrscheinlich ihre Vorfahren).

Schließlich werden die Bienen noch in verschiedene Familien unterteilt. Selbst auf der Ebene der Art kann es weitere Unterteilungen geben. Zum Beispiel existiert die Honigbiene in einer Vielfalt von zusätzlichen Formen, die als Unterarten (Rassen) oder als Kreuzungen (Hybriden) bezeichnet werden. Unterarten oder Rassen können sich durch geringfügige Abweichungen im Aussehen voneinander unterscheiden, doch oft erfolgt die Zuordnung zu einer anderen Rasse rein auf Basis der geografischen Verteilung.

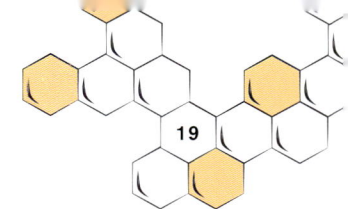

KLASSIFIKATION DER HONIGBIENE

Reich:	Tierreich (*Animalia* – alle lebenden Tiere)		**Teilordnung:**	Stechimmen (*Aculeata* – nicht-parasitische Bienen, Wespen und Ameisen)
Stamm:	(*Arthropoda* – Insekten, Krabben, Spinnen, Milben u. a.)		**Überfamilie:**	*Apoidea* (Bienen)
Klasse:	Insekten (*Insecta*)		**Familie:**	Echte Bienen (*Apidae*)
Ordnung:	Hautflügler (*Hymenoptera* – Bienen, Wespen, Ameisen, Blattwespen)		**Gattung:**	Biene (*Apis*)
Unterordnung:	Taillenwespen (*Apocrita*)		**Art, Spezies:**	Honigbiene (*mellifera*)

So ist die Ostafrikanische Hochlandbiene eine etwas kleinere – und erheblich aggressivere (vielleicht ist „verteidigungsbereitere" zutreffender) – Version der Europäischen Honigbiene *(Apis mellifera)* und wurde als *Apis mellifera scutellata* klassifiziert.

Außer einem Außenskelett haben Insekten auch Flügel – und das unterscheidet sie von allen anderen Wirbellosen – und sie haben daher den Himmel erobert. Die Flügel sind ein weiterer Grund für ihren überwältigenden Erfolg dabei, neue Lebensräume zu erreichen und auszunutzen; die Flügel helfen ihnen aber auch, Feinden zu entkommen. Die meisten Insekten haben zwei Paar Flügel, doch manche, so wie die Käfer, haben nur eines, und ein paar Arten (zum Beispiel Parasiten wie Flöhe und Läuse oder der primitive Silberfisch) haben im Laufe ihrer Evolution ganz auf Flügel verzichtet. Die meisten Gliederfüßer haben Fühler oder Antennen.

Insekten haben nur ein Paar Fühler, wohingegen es andere Gliederfüßer gibt, die mehrere haben. Und nicht zuletzt haben alle Insekten drei Beinpaare.

▶▶ *Eine Europäische oder Westliche Honigbiene sammelt Nektar auf einer Gartenprimel.*

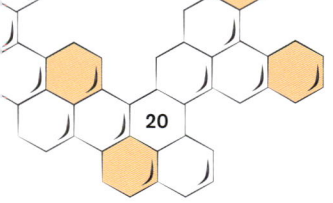

2. KAPITEL

BIENEN IM DETAIL

In anatomischer Hinsicht sind Bienen typische Insekten: Sie haben viele Eigenschaften der Klasse insgesamt. Vieles von dem, was nun folgt, bezieht sich auf die Honigbiene, wenngleich viele andere Bienenarten ähnliche Charakteristika aufweisen. Der Körper, eingehüllt in sein schützendes Exoskelett aus einer festen Substanz, dem Chitin, ist in drei Hauptabschnitte geteilt: den Kopf, den Brustkorb und den Hinterleib.

Der Körper ist aus Abschnitten zusammengesetzt, die man Segmente nennt. Gut erkennbar sind sie bei den Larven vieler Insekten wie Fliegenlarven oder Schmetterlingsraupen, wo sie als Serie von Ringen erscheinen, die um den Körper laufen. Bei ausgewachsenen Insekten sind die Segmente jedoch meist weniger klar definiert. Oft verschmelzen sie – etwa in der Kopfregion – und sind für den oberflächlichen Betrachter nicht mehr zu unterscheiden. Am besten sieht man die Segmentierung unter dem flexiblen Hinterleib eines Insekts wie einer Biene, wo die ringartige Anordnung oft noch wahrnehmbar ist. Der Körper der Biene ist meist von feinen, haarartigen Strukturen bedeckt. Sie lassen viele Arten flauschig oder struppig erscheinen und helfen beim Pollensammeln und bei der Regulierung der Körpertemperatur.

KOPF UND SINNESORGANE

Der Kopf trägt mehrere Sinnesorgane. Zunächst sind da die Fühler, die bei männlichen Bienen meist aus 13, bei weiblichen aus 12 Segmenten bestehen. Insekten wie Bienen verwenden ihre Fühler, um Gegenstände aus kurzer Distanz zu untersuchen und zu betasten, zum Beispiel, wenn sie die Waben innerhalb des Stocks bauen oder mit anderen Bienen in der Dunkelheit des Nests oder Stocks kommunizieren. Bienen leben im Allgemeinen im Dunkeln: in Baumhöhlen, unter Komposthaufen oder in von Menschenhand gebauten Bienenstöcken, wo es wenig oder kein Licht gibt.

▶▶ *Der Kopf einer Honigbiene. Sichtbar sind die Fühler oder Antennen, das rechte Facettenauge und zwei der drei Ocellen sowie die Mandibeln, die Oberkiefer.*

In einer solchen Umgebung werden der Geruchs- und der Berührungssinn extrem wichtig – im Gegensatz zum Sehen. Daher findet die meiste Kommunikation zwischen Bienen im Stock durch das Berühren mit Fühlern statt. Der Kopf enthält auch ein Gehirn, das aus einer Ansammlung von etwa einer Million Nervenzellen besteht, den Neuronen; dieses Nervensystem gestattet es dem Gehirn, mit dem Rest des Körpers zu kommunizieren und Botschaften in den Körper zu senden.

Bienenfühler tragen Tausende Sinnesorgane, von denen einige Berührungen, andere Gerüche und wieder andere Geschmäcker aufnehmen. Dank der Fähigkeit, mit ihren haarähnlichen Berührungsrezeptoren auch die Bewegung von Luftpartikeln zu spüren, „hören" Bienen auf kurze Distanz auch Geräusche in der Luft. Eine Biene, die einen Stock oder ein Nest betreten will, wird von Wärtern am Eingang „berochen", um zu prüfen,

▶▶ *Kopf und Brustkorb einer Hummel*

ob sie den richtigen Geruch dieses besonderen Volkes hat. Wenn nicht, werden die Wärter sie abdrängen. Eine jungfräuliche Bienenkönigin erzeugt auch einen sexuellen Lockstoff, ein Pheromon, das von männlichen Bienen, den Drohnen, entdeckt wird, wenn sie auf ihrem Hochzeitsflug ist. Versuche mit Honigbienen haben gezeigt, dass sie, ebenso wie wir, auch Geschmacksrichtungen wie süß, sauer, bitter und salzig unterscheiden können.

Eine Biene hat zwei Arten von Augen und diese unterscheiden sich wie die Augen anderer Insekten in hohem Maße von menschlichen Augen. Der erste Typ ist das Facettenauge, und davon hat die Biene zwei – eines auf jeder Seite des Kopfes.

▶▶ *Eine Hummel (Gattung* Bombus*)*

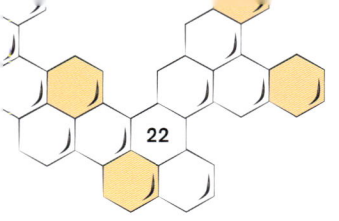

▶▶ *Links: Nahaufnahme einer Honigbiene*

▶▶ *Unten: Neben den Mundwerkzeugen, die zum Kauen, Greifen, Reinigen und Verarbeiten von Pollen und Wachs dienen, hat eine Biene auch ein röhrenartiges Werkzeug, die Proboscis, eine komplexe „Zunge", mit der sie Nektar aus Blüten aufnehmen kann.*

Facettenaugen sind groß und im Verhältnis zur Größe des Bienenkopfes auffällig. Typischerweise sind es dunkle, glänzende, ovale Gebilde. Facettenaugen bestehen aus vielen kleinen sechseckigen Facetten, von denen jede im Wesentlichen eine eigene Linse bildet. Jede dieser Linsen hat nur ein enges Gesichtsfeld, doch die Bilder benachbarter Facetten überlappen einander, und je näher die Biene an einem Gegenstand ist, desto schärfer ist das Bild, das erzeugt wird. Versuche lassen darauf schließen, dass Bienen bis zu einer Entfernung von einem Meter scharf sehen.

Bienen haben auch drei sogenannte *Ocellen* (*Ocellus* ist lateinisch und bedeutet „kleines

» *Honigbiene mit gefülltem Pollenkörbchen*

Auge"), einfache Augen, auf der Oberseite ihrer Köpfe; sie sind im Dreieck angeordnet, zwei liegen seitlich und eines auf der Stirn. „Einfach" ist in diesem Zusammenhang jedoch eher irreführend, denn die Ocellen sind alles andere als einfach gebaut. Obgleich sie Licht aufnehmen und ein weites Gesichtsfeld besitzen, ähnlich wie die Facettenaugen, nimmt man an, dass sie keine Bilder erzeugen, sondern dass es ihre Aufgabe ist, die Biene im Flug zu stabilisieren. Die Ocellen sind gut dazu geeignet, Veränderungen in der wahrgenommenen Helligkeit in der Umgebung zu messen, durch die die Biene im Flug ihren Körper bewegt. Anderen Theorien bezüglich der Rolle der Ocellen zufolge könnten sie als Helligkeitsadaptoren dienen oder zur Wahrnehmung von polarisiertem Licht.

Bienen sehen nicht nur die meisten Wellenlängen des Lichtes in dem Bereich, der für uns Menschen sichtbar ist, sie können auch ultraviolettes Licht sehen, das für uns unsichtbar ist, erkennen aber nicht die Farbe Rot. Die Biene ist in der Lage, sich anhand von ultraviolettem Licht zu orientieren, das selbst Wolkendecken durchdringt. Manche Blüten haben Saftmale, die nur in ultraviolettem Licht sichtbar sind, und sorgen so dafür, dass nur Bienen oder andere Ultraviolett sehenden Insekten sie bestäuben.

Die Mundwerkzeuge einer Biene sitzen am vorderen Ende des Kopfes. Ihre Größe und Form unterscheiden sich von Art zu Art. Die Kiefer oder Mandibeln an den Mundseiten dienen zum Greifen von Pflanzenharzen, zum Putzen anderer Bienen, zum Kauen von Pollen und zum Formen von Wachs. Neben diesen Kauwerkzeugen besitzen Bienen auch ein röhrenartiges Werkzeug, den Rüssel (die Proboscis), einen zusammenlegbaren Apparat aus verschiedenen Mundwerkzeugen, die eine Röhre um die Zunge (die Glossa) bilden. Die Spitze der Bienenzunge ist je nach Bienenart manchmal löffelförmig und am Rand mit verzweigten Haaren besetzt, manchmal ziemlich lang. Die wichtigste Funktion des Rüssels ist es, Nektar aufzusaugen, aber auch Flüssigkeiten wie Wasser und Honig. Er dient aber auch zum Übertragen von Nahrung von einer Biene zur anderen und kann aus dem Weg geklappt werden, wenn er nicht verwendet wird. Muskeln im Kopf der Biene pumpen Flüssigkeiten in der Proboscis hinauf, von wo sie in den Rachenraum (die Pharynx) und in die Speiseröhre (den Ösophagus) gelangen. Bienen nehmen Nahrung auf, geben sie aber auch wieder ab; das bedeutet, diese Pumpe kann auch in umgekehrte Richtung arbeiten, wenn sie Nahrung an Larven weitergeben müssen oder andere Arbeiterinnen füttern. Zu den weiteren Mundwerkzeugen gehört das Labium, ein unpaariges Gebilde, das aus den beiden miteinander verwachsenen zweiten Maxillen (Oberkiefern) oder fühlerartigen Tastern gebildet wird. Es dient als Unterboden des Mundes und hilft den Maxillen, die Nahrung beim Kauen zu bewegen.

▶▶ *Auch wenn das nur schwer zu erkennen ist: Der Brustkorb der Biene besteht aus drei Segmenten, an denen die Flügel und Beine ansetzen.*

Der Kopf trägt auch Speicheldrüsen, um die Nahrung anzufeuchten. Bienenköniginnen haben über den Kiefern eine besondere Drüse, die Mandibular- oder Mandibeldrüse, die sie verwenden, um ein Pheromon (vergleichbar einem chemischen Botenstoff) abzusondern, den sogenannten Weiselstoff. Sein Vorhandensein in passender Konzentration erhält die soziale Ordnung innerhalb des Volkes aufrecht. Bei Drohnen, den männlichen Bienen, ist diese Drüse stark reduziert. Mandibulardrüsen und Futtersaftdrüsen der Arbeiterinnen, die sogenannten Hypopharynxdrüsen, produzieren gemeinsam unter anderem die wichtige Nahrung der kleinsten Bienenlarven und der Bienenkönigin, das Gelée Royale.

DER BRUSTKORB

Der nächste Abschnitt des Körpers einer Biene, der Brustkorb oder Thorax, besteht aus drei Segmenten, doch wie beim Kopf sind diese beim erwachsenen Insekt nicht immer leicht zu erkennen. Der Brustkorb ist jener Teil des Körpers, an dem Flügel und Beine ansetzen. Die beiden Flügelpaare sind häutige Strukturen. Deutlich erkennbar ist das Adernetz, das sie stützt. Dieser Membrancharakter der Flügel ist der Grund für den wissenschaftlichen Namen der Ordnung Hautflügler oder Hymenoptera.

Große Flugmuskeln, die innerhalb des Exoskeletts vom Rücken zum Bauch des Brustkorbs verlaufen, ziehen sich zusammen und entspannen sich und ziehen dabei die Flügel nach oben und unten. Beim Fliegen schaffen sie bis zu 230 Flügelschläge pro Sekunde. Wenn die Biene sich in Ruhelage befindet, werden die Flügel auf dem Rücken nach hinten gelegt.

Bei Bienen ist das hintere Flügelpaar kürzer als das vordere und ist, besonders in der Ruhelage, oftmals kaum zu sehen. Die Vorderkante der hinteren Flügel trägt eine Reihe kleiner Haken, die Hamuli, die genau in Kerben an den Hinterseiten der vorderen Flügel passen. Diese Anordnung verbindet das vordere und das hintere Flügelpaar wirksam miteinander, sodass sie große Flügelflächen bilden, die im Flug gemeinsam schlagen. Ist die Biene wieder im engen Stock angekommen, kann sie die Flügelpaare auseinanderhaken und hochklappen, sodass sie weniger Raum einnehmen und vor Beschädigungen geschützt sind.

Die drei Brustsegmente tragen je ein Paar gegliederter Beine. Das Endstück jedes Beins trägt Haftscheiben und Klauen. Die Beine ermöglichen es der Biene, nicht nur herumzulaufen, jedes Beinpaar ist vielmehr für eine besondere Aufgabe ausgelegt, die mit der Lebensweise der Biene zu tun hat.

Bei Honigbienen wird das vordere Beinpaar dazu verwendet, Kopf, Augen und Mund zu putzen und zu kämmen, wobei eine besondere eingekerbte Putzrinne zum Reinigen der Fühler dient. Das mittlere Beinpaar hilft ebenfalls bei der Körperreinigung, die Beine dienen aber auch zum Auskämmen von Pollen aus den Pollenkörbchen und zum Putzen der Flügel. Das hintere Beinpaar ist besonders zum Pollensammeln geformt: Beide Beine sind flach und bei Arbeitsbienen mit langen fransigen Haaren bedeckt, die an eine Bürste erinnern. Pollenkörner von Blüten haften an den Haaren des Bienenkörpers und werden von den Beinen nach hinten gekämmt, zu einem festen Paket gepresst und dann in das Pollenkörbchen, eine flache Mulde auf der Außenseite des jeweils gegenüberliegenden Beins gepackt. Der gesammelte Pollen ist meist als Pollenhöschen, als dickes gelbliches Band um die Hinterbeine einer Biene, die zwischen Blüten auf Nahrungssuche ist, zu erkennen.

DER HINTERLEIB

Der Hinterleib, das Abdomen, ist der „Endabschnitt" eines Insekts und jener Teil, an dem die Segmente des Körpers auch noch am erwachsenen Tier am besten erkennbar sind. Der Hinterleib trägt verglichen mit Kopf und Brust nur wenige Anhänge, ist aber jener Teil des Körpers, in dem viele der inneren Körperorgane der Biene liegen. Insekten atmen durch kleine Poren, ihre Atemlöcher, die auf der Oberfläche des Hinterleibs und des Brustkorbs liegen. Diese sind mit einem inneren System aus einer Serie von Röhrchen verbunden, den Tracheen, und mit Luftsäcken, die die inneren Organe mit Sauerstoff versorgen. Innerhalb des Hinterleibs liegt ein röhrenartiges Verdauungssystem, zu dem auch die Honigblase gehört.

▶▶ Wenn die Biene im Ruhezustand ist, werden die Flügel auf dem Rücken zusammengelegt.

An der Unterseite des Hinterleibs der Arbeiterin liegen Wachsdrüsen, die dazu dienen, die Waben im Nest oder Stock zu bauen, die benötigt werden, um die Nahrung der Bienen zu speichern und ihre Jungen aufzuziehen. Die scheibenartigen flachen Wachsplättchen werden auf vier Paare von Wachsspiegeln ausgeschwitzt, das sind glatte, spiegelartige Flächen ebenfalls auf der Unterseite des Abdomens.

Auf der Oberseite des Hinterleibs der Arbeitsbienen, fast an der Spitze, liegt die Nassanoffsche Drüse, die ein süß duftendes Pheromon erzeugt, das als Orientierungshilfe für andere Arbeitsbienen des Volkes dient, die mit seiner Hilfe den Weg zurück zum Stock finden. Die Drüse wird freigelegt, wenn der Hinterleib gekrümmt wird, und kann in Aktion beobachtet werden, wenn Bienen nach einem Beuteflug am Stockeingang landen. Die Abgabe des Duftstoffs ist von raschem Flügelschlagen begleitet, das dazu beiträgt, den Geruch auf ankommende Bienen zu übertragen. Dies ist nur eine Art, in der Bienen miteinander durch die Verwendung von Pheromonen kommunizieren.

DER STACHEL

Der wichtigste Anhang am Hinterleib einer Biene ist der Stachel. Der Stachelapparat der Biene dient zu ihrer Verteidigung. Bei manchen Arten wird der Stachel nur selten eingesetzt, während er in anderen entweder vollkommen fehlt oder so klein ist, dass er gegen Angreifer sinnlos ist. Manche Arten sind dafür berüchtigt, dass sie aggressiv und en masse stechen, und ein solcher Angriff kann zum Tod des Opfers führen. Schließlich gibt es auch einige Bienenarten, die gar nicht stechen. Der Stachel ist tatsächlich eine umgewandelte Legeröhre, also eine Vorrichtung zum Eierlegen,

>> *Honigbiene kurz vor dem Zustechen*

und als solche findet er sich nur bei den weiblichen Mitgliedern des Bienenvolks, also der Königin und den Arbeiterinnen. Der Stachel, der an der Spitze des Hinterleibs sitzt, ist eine feine, nadelartige Struktur, oft mit Widerhaken auf der Außenseite, und mit einer Giftdrüse und einer Giftblase innerhalb des Hinterleibs verbunden. Die Widerhaken auf dem Stachel der Königin treten weniger hervor als die der Arbeiterinnen und sie verwendet ihren Stachel nur gegen rivalisierende Königinnen.

Dass Wespen mehrmals stechen können, ist weithin bekannt, doch einige Bienenarten – wie zum Beispiel einige Arten von Honigbienen – stechen

nur einmal und sterben dann. Der Grund liegt darin, dass der Stachel der Arbeiterinnen dicht mit Widerhaken besetzt ist, und wenn die Biene einen Plünderer angreift, etwa ein Säugetier, das ihr Nest ausrauben will, dringen die Widerhaken tief in die Haut des Opfers ein. Wenn die Biene wegfliegt, wird der Stachel aus ihrem Körper gezogen und bleibt im Opfer zurück. Durch die unabhängige Aktivität seiner Muskeln pumpt er weiter Gift in die Wunde. Beim Stechen setzt die Biene einen Geruch frei, der als Alarmpheromon bezeichnet wird: Es ruft andere Bienen auf den Plan, die daraufhin zur Verteidigung des Stocks oder Nests kommen und ihrerseits ebenfalls den Angreifer stechen.

UMGANG MIT BIENENSTICHEN

Das Bienengift enthält eine Vielfalt von chemischen Stoffen, die das Zellgewebe des Opfers zerstören können. Dazu gehören Enzyme und Peptide, die die Fettschicht abbauen, die die Zelle auskleidet. Das Gift greift auch das Immunsystem des Opfers an.

Nach einem Bienenstich schüttet der Körper des Opfers ebenfalls eine Chemikalie aus, das Histamin. Dieses erweitert die Blutgefäße und erleichtert es den Abwehrstoffen des Körpers, an den Ort des Angriffs zu gelangen und das Gift zu neutralisieren. Gelegentlich jedoch kann eine allergische Reaktion auf das Gift eintreten, wenn die Übererweiterung der Blutgefäße zum Abfall des Blutdrucks im Körper führt, was die Zellen dazu bringt, dass sie keinen Sauerstoff mehr erhalten und das Atmen erschwert. Diese Reaktion ist als anaphylaktischer Schock bekannt. Er kann zu Krämpfen und zum Tod führen, wenn er nicht rasch behandelt wird.

>> *Stachel, aus dem Hinterleib einer Biene herausgerissen*

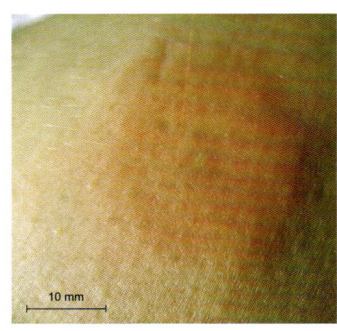

>> *Reaktion auf einen Bienenstich auf der Haut*

Zum Glück für die meisten Menschen jedoch ist ein einzelner Bienenstich eine schmerzhafte, aber nicht lebensbedrohliche Erfahrung und ein Risiko, mit dem alle rechnen müssen, deren Leben um Bienen kreist, seien sie Hobbygärtner, professionelle Gärtner oder insbesondere Imker. Natürlich hängt es davon ab, wo man gestochen wird. Stiche auf die Ohren, in den Nacken, die Nase und andere empfindliche Zonen werden viel unangenehmer sein als etwa in den Handrücken, wo es weniger empfindliche Nervenenden gibt.

Wie bereits erwähnt, wird der Stachel auch ohne die Biene, die ihn ausgefahren hat, einige Minuten lang seine Arbeit fortsetzen, sobald er in der Haut sitzt und durch sein eigenes Muskelsystem pulsieren, während er tiefer in die Haut wandert und mehr Gift in das unglückliche Opfer pumpt. Am besten ist es, den gesamten Stachel so bald wie möglich mit einer feinen Pinzette zu entfernen. Eine Eispackung wird dabei helfen, die nachfolgende Schwellung zu verringern. Auch das Auftragen einer besonderen Creme oder Flüssigkeit gegen die Folgen von Bienenstichen kann helfen, doch lesen Sie zuerst sorgfältig die Packungsbeilage. Mehrere Stiche auf einmal können es erforderlich machen, einen Arzt oder die Ambulanz eines Krankenhauses aufzusuchen, um sicherzugehen, dass es wahrscheinlich nicht zu einer allergischen Reaktion kommt (siehe oben).

DIE VERDAUUNG DER BIENEN

Die Nahrung der meisten Bienen – vor allem Nektar und Pollen von Pflanzen – wird in den Mund aufgenommen, passiert dann den Speisekanal (eine dünne Röhre, die durch den Brustkorb verläuft) und gelangt in die Honigblase im Hinterleib. Wenn die Bienen von einer Blüte Nektar aufnehmen, gelangt er in die Honigblase und wird

▶▶ *Oben und unten: Bei den vier verwandten Stämmen von Honigbienen, die die Familie* Apidae *bilden – den Honigbienen, Hummeln, stachellosen Bienen und Pracht- oder Orchideenbienen – ist das Pollenkörbchen (die Corbicula) ein Teil des Schienbeins der Hinterbeine.*

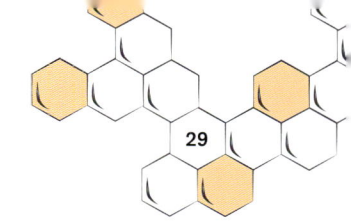

▶▶ *Oben: Zwei Honigbienen nehmen mit ihrem Saugrüssel Nektar von einer Blüte auf.*

▶▶ *Unten: Das Schwärmen ist ein natürlicher Prozess, bei dem die Königin ihr Volk verlässt, begleitet von einer großen Gruppe von Arbeitsbienen, um ein neues Volk aufzubauen. Dabei überlässt sie ihren alten Stock einer jungen Königin.*

damit in den Stock gebracht. Verdauungssäfte zerlegen Nektar und Pollen in der Honigblase, die am einen Ende ein Ventil hat, das einen Teil dieser Nahrung in den Dickdarm weiterwandern lässt, wo sie vom Körper der Biene selbst verwendet wird. Im Dickdarm setzen weitere Enzyme und Verdauungssäfte Eiweiße frei. Dann wandert die Nahrung durch die Wände des Dickdarms in die Körperhöhle der Biene, wo sie verwendet wird. Die Reste der Nahrung gelangen dann in den Enddarm. Hier entfernt eine Reihe von kleinen fadenartigen Organen, die Malpighischen Gefäße, Abfallprodukte wie Harnsäure.

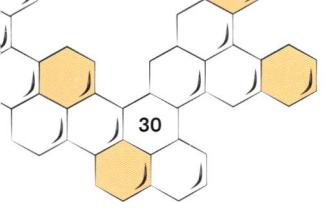

3. KAPITEL

EVOLUTION DER BIENEN

Wie bereits erwähnt, gibt es heute auf der ganzen Welt Tausende Bienenarten. Bienen entwickelten sich vor ungefähr 100 Millionen Jahren in der mittleren Kreidezeit, etwa zur gleichen Zeit, in der Blütenpflanzen erstmals auf der Erde erschienen. Die Kreidezeit war jene Phase der Erdgeschichte, in der Dinosaurier noch die Oberhand hatten, aber die Zahl der sich neu entwickelnden Vögel und Säugetiere bereits kontinuierlich stieg. Vor dem Erscheinen der blühenden Pflanzen vermehrten sich die meisten großen Landpflanzen, indem sie sich darauf verließen, dass der Wind Pollen, der in Zapfen produziert wurde, von einer Pflanze zu den Zapfen einer anderen blies. Der männliche Pollen von einem Zapfen befruchtete so das weibliche Ei eines anderen und erzeugte so ein Samenkorn. Viele Pflanzen, darunter Nadelhölzer wie Pinien und Lärchen, vermehren sich bis heute nach dieser Methode.

In der Kreidezeit begannen einige Pflanzen, spezielle Strukturen zu entwickeln, die der Vermehrung dienten. Dies waren die Blumen und anders als Nadelbäume, die sich auf den Wind als Befruchter verlassen, bedienten sich blütentragende Pflanzen anderer Mittel, die ihren Pollen von einer Pflanze zur nächsten verteilen helfen.

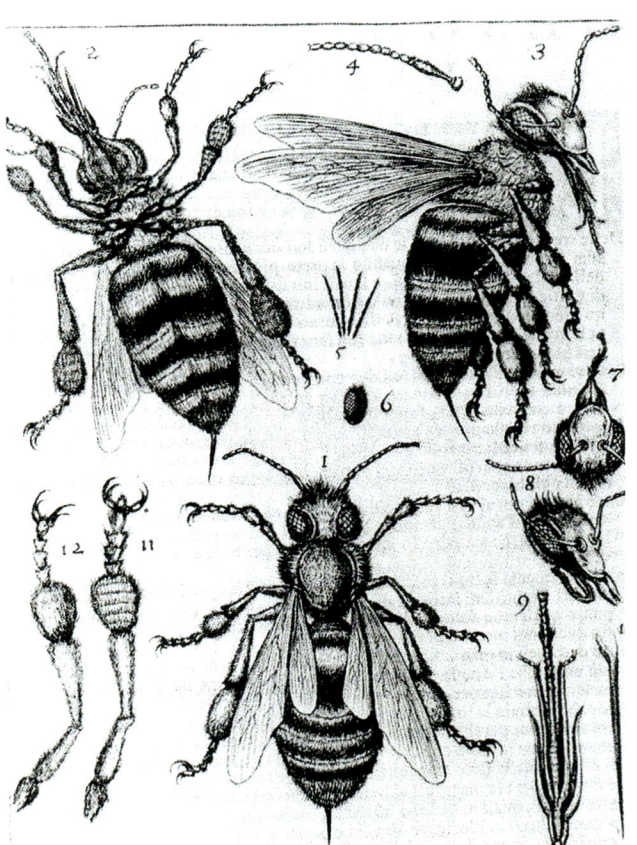

▶▶ *Die ältesten bekannten anatomischen Zeichnungen von Bienen von Francesco Stelluti (1577–1652) entstanden unter Verwendung eines Mikroskops.*

Sie verließen sich dabei zumeist auf Tiere, besonders Insekten, und um sicherzustellen, dass die Insekten ihre Blüten besuchten, stellten sie süßen, zuckrigen Nektar als besonders nährstoffreiche Futterquelle bereit. Die Blüten entwickelten auch helle Farben und andere Eigenschaften, um die Aufmerksamkeit der Insekten auf sich zu lenken.

Doch um an den Nektar zu gelangen, musste ein Insekt in die Blüte eintauchen können, um die Nektardrüsen auf ihrem Boden zu erreichen. Dabei streifte sein Körper Pollen von den Staubbeuteln der Blüte (die zu ihren männlichen Teilen gehören) ab, der an ihm kleben blieb, und wenn das Insekt dann eine weitere Blüte derselben Art besuchte, streifte es einen Teil des Pollens von seinem Körper an der Narbe (die zu den weiblichen Teilen der Blüte gehört) in der Blüte ab. Von hier wanderte der Pollen zum weiblichen Ei, befruchtete es und produzierte so einen Samen. Diese Methode der Vermehrung hatte klare Vorteile: Damit eine Windbefruchtung Erfolg haben konnte, war nicht nur ein günstiger Wind erforderlich, sondern auch die

▶▶ *Oben und unten: Richtig bunte, nektarreiche Pflanzen entwickelten sich, um Insekten anzulocken und das Überleben der Pflanze durch Fortpflanzung zu sichern.*

▶▶ *Blüten wie diese Zitronenblüte (oben) und dieser Rotklee (unten) entwickelten allmählich ausgefeiltere Methoden, Insekten anzulocken und dafür zu sorgen, dass die Insekten die größtmögliche Menge an Pollen mitnahmen, wenn sie sie wieder verließen.*

▶▶ *Zur Gattung* Ophrys *gehören einige Arten wie die Bienenragwurz, die so sehr wie weibliche Bienen riechen und aussehen, dass vorbeifliegende Männchen unwiderstehlich dazu verleitet werden, sich mit der Blüte zu paaren und so den Pollen zu verbreiten.*

Produktion einer großen Pollenmenge, da viel verloren geht, wenn er vom Wind verweht wird. Das ist für die Pflanze unwirtschaftlich. Die Insektenbestäubung ist viel weniger verschwenderisch, da Pollen unbeabsichtigt, aber direkt von Blüte zu Blüte getragen wird.

Mit der Zeit begannen die Blütenpflanzen sogar besondere Blütenformen und andere Strategien zu entwickeln, die sicherstellten, dass nur bestimmte Insektenarten sie besuchten, womit sie die Gefahr, Pollen zu verschwenden, weiter verringerten. Zur gleichen Zeit begannen Bienen, sich von ihren Insektenvorfahren zu unterscheiden, von denen viele Forscher glauben, dass es sich um eine Wespenart handelte, vielleicht um Wespen aus der Familie *Crabronidae*. Statt sich von anderen kleinen Tieren zu ernähren, wie das Wespen tun, wurden die neu entstandenen Bienen Pflanzenfresser, die sich von Nektar und Pollen ernährten.

Oben und unten: Etwa ein Drittel der Weltnahrungsmittelproduktion hängt von der Bestäubung durch Insekten ab, und den größten Teil davon übernehmen die Bienen.

Heute ist die Bedeutung der Bienen für die menschliche Nahrungsmittelerzeugung nicht zu unterschätzen. Man hat berechnet, dass etwa ein Drittel des Nahrungsmittelangebots der Welt von der Bestäubung durch Insekten abhängt, wovon der größte Teil von Bienen durchgeführt wird. In Kalifornien basiert die Bestäubung der Mandelkultur, die früh im Jahr stattfindet, auf der Aktivität von mehr als einem Drittel der in den USA gehaltenen Honigbienen.

Einheimische Pflanzen, besonders die älteren Varietäten von Mehrjährigen, sind meist am besten für einheimische Bienen und können in der freien Natur ebenso gepflanzt werden wie im Garten.

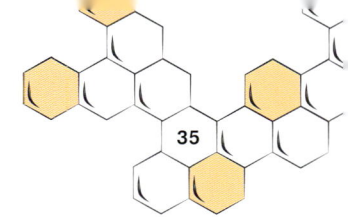

▶▶ *Links und oben: Ein blühender Lindenbaum und Lindenblütenhonig aus Deutschland*

Daher werden im Frühjahr große Mengen von Bienenstöcken in diese Gegend gebracht, damit die Bestäubung erfolgreich durchgeführt werden kann. Auch in Deutschland gibt es die Möglichkeit, bei Mangel an bestäubenden Insekten, Bienenvölker zu „mieten".

WIE BLUMEN BIENEN HELFEN

Für eine Blütenpflanze ist es ebenso von Interesse, dass sie von einer Biene oder einem anderen Insekt besucht wird, wie es für die Biene gewinnbringend ist, die Blüte zu besuchen. Pflanzen verlassen sich auf diese Besuche, um ihre Art zu verbreiten, und locken Insekten mit verschiedenen Mitteln an. Die wichtigsten sind ihre Farbe und ihr Geruch, denn beide helfen den Bienen, die Blüte aus einiger Entfernung zu finden.

▶▶ *Die Weiße Taubnessel* (Lamium album) *ist so gebaut, dass sie die Grashummel anlockt, deren Zunge lang genug ist, um bis an ihren Blütenboden zu gelangen.*

▶▶ Links: Die Blüten der Südseemyrte (Manuka) liefern einen Honig mit legendären Eigenschaften.

▶▶ Unten: Bienen spielen eine lebenswichtige Rolle, indem sie Pflanzen befruchten, wie z.B. Apfelbäume in einer Obstplantage, denn solange die Blüten nicht zuerst durch Kreuzbestäubung befruchtet werden, gibt es keine Äpfel.

Manche Orchideen, wie die Bienenragwurz, haben Blütenblattformen oder andere Blütenteile entwickelt, die den Weibchen der Insekten, die sie anziehen wollen, stark ähneln. Landet ein männliches Insekt in einem vergeblichen Versuch, sich mit ihr zu paaren, auf der Blüte, trägt es dabei natürlich zur Bestäubung bei. Manche Blüten haben besondere „Landeplätze", die es den Insekten erleichtern, an die Blüte zu gelangen, und einige haben Vorrichtungen, die nur dann den Zugang in die Blüte freigeben, wenn die richtige Insektenart landet. Die langen, röhrenartigen Blütenblätter der weißen Taubnessel sind eine Methode, dafür zu sorgen, dass nur die „richtige" Bienenart sie befruchtet; in diesem Fall ist das die Grashummel *(Bombus ruderarius)*, eine Hummelart mit einer langen Zunge, die tief genug in die Pflanze hineinreicht, um an den Nektar zu gelangen.

▶▶ *Diese Seite: Honig gibt es in verschiedenen Farben, die von der pflanzlichen Quelle abhängen, zum Beispiel ist Baumwoll- und Orangenblütenhonig weiß bis sehr hell bernsteinfarben, Eukalyptushonig dagegen dunkel mit ausgeprägtem Mentholgeschmack.*

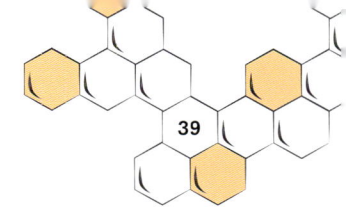
▶▶ *Diese Doppelseite: Blüten locken mit hellen Markierungen und attraktiven Düften Bienen und andere Insekten an, damit die Befruchtung stattfinden kann. Manche besitzen auch dunkle Linien, sogenannte Saftmale, von denen man annimmt, dass sie Insekten helfen, ihren Weg in die Blüten zu finden.*

So wie das Terroir, also Boden, Lage und Klima, kurz: die Umgebung, in der die Trauben reifen, den Wein prägt, genauso sind Unterschiede in Farbe, Geschmack, Geruch und Konsistenz bei Honigen das Ergebnis der Arten von Blüten, die die Bienen besuchen, besonders wenn eine Pflanze in einer Gegend dominiert. Andere Honige, wie Wildblumenhonig, hingegen können köstliche Mischungen aus vielen verschiedenen Blüten sein.

Wie wir gesehen haben, ernähren sich Bienen von Pollen und Nektar. Der Pollen oder Blütenstaub bedeckt die männlichen Organe, die Staubbeutel, und in geringerem Maße auch die fadenförmigen Staubgefäße, die die Staubbeutel tragen. Die Biene nimmt diese leichte, staubige Substanz auf, wenn sie sich innerhalb der Blüte bewegt, und überträgt dabei unweigerlich einigen Pollen, den sie schon von anderen Blüten eingesammelt hat, auf die weiblichen Teile. Der süße Nektar wird im Nektarium erzeugt, der Nektar- oder Honigdrüse der Pflanze, die am Grunde der Blütenhülle (des Perianths) liegt.

▶▶ Oben: Ein Wildbienennest in einem Baum

▶▶ Links: Eine Honigbiene auf der Nahrungssuche

Pflanzen, die weniger wählerisch sind, was die Insekten angeht, von denen sie besucht werden, haben meist leicht zugängliche Nektarien, während solche, die ihre Befruchter spezieller auswählen, Nektarien entwickelt haben, die nur für ganz besondere Insekten erreichbar sind.

▶▶ *Manche lieben den Anblick blühender Rapsfelder im Frühling, die zitronengelbe Flecken in die Landschaft setzen. Für andere kann die Rapsblüte den Beginn der Heuschnupfensaison verkünden.*

Raps (Brassica napus) ist jedoch nicht nur ein wertvoller Öllieferant, sondern auch ein guter Nektarproduzent, und Honigbienen machen einen Honig daraus, der hell ist und leicht pfeffrig schmeckt. Er muss entnommen werden, sobald er fertig verarbeitet ist, andernfalls würde er nach kurzer Zeit in der Wabe auskristallisieren und kann dann nicht mehr geschleudert werden. Meist wird Rapshonig zum Verzehr mit milderen Honigen verschnitten oder aber als hochwertiges Süßungsmittel für Backwerk verkauft. Rapsbauern arbeiten oft mit Bienenhaltern zusammen, um die Befruchtung der Pflanzen zu sichern.

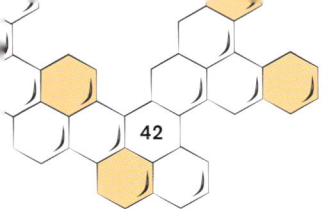

4. KAPITEL

DIE WICHTIGSTEN BIENENARTEN

Tausende unterschiedlicher Bienenarten gibt es heute weltweit und das Leben im Bienenstock und das Bestäuben von Blüten, wie es für die Honigbiene typisch ist, ist nur eine von vielen verschiedenen Lebensarten. Es gibt sogar Abstufungen der Geselligkeit bei den sozialen Bienenarten, die von losen Ansammlungen gleichartiger Bienen bis zu Systemen reicht, in denen das Nest oder der Stock einer genauen hierarchischen Ordnung folgt, in der es eine matriarchale Königin gibt, Arbeiterinnen (unfruchtbare Weibchen) und Drohnen (Männchen), jede Gruppe mit genau definierten Rollen. Andere Bienen leben solitär und wieder andere frönen einem Leben als Schmarotzer (Kuckucksbienen). Auch der Nestbau ist vielfältig und Namen wie Erdbiene oder Blattschneiderbiene enthalten Hinweise auf die Methoden, mit denen diese Arten ihre Nester bauen.

▶▶ *Ein Schwarm Europäischer oder Westlicher Honigbienen*

▶▶ *Eine Dunkle Erdhummel*

Nicht alle Bienen fliegen bei Tageslicht; zu manchen Bienenfamilien gehören Arten, die in der Dämmerung fliegen, wenn die Lichtmengen viel niedriger sind. In diesem Fall sind ihre Ocellen vergrößert und entsprechend empfindlicher. Viele dieser Arten sind darauf spezialisiert, Blüten zu bestäuben, die sich erst nachts oder bei Restlicht öffnen, wie zum Beispiel Nachtkerzen. Manche Bienen leben in Regionen wie Wüsten, wo man das Fliegen in der Hitze des Tages am besten vermeidet, und auch sie bestäuben Blüten des Nachts.

Auch wenn die meisten Bienen der rundlichen Form entsprechen, die typisch ist für Arten wie Hummeln oder Honigbienen, gibt es andere, die in Form und Farbe eindeutig wespenartig aussehen, so die Blattschneiderbiene *(Megachile willughbiella)* und die Wespenbienenart *Nomada fulvicornis,* eine Kuckucksbiene. Diese Arten haben schlanke Taillen und schwarz-gelbe Hinterleibe, die ihre „Wespenartigkeit" noch unterstreichen.

Der Hinterleib der Kuckucksbiene *Nomada fulvicornis* endet auffällig spitz. Diese Art ist fast völlig schwarz, was sie noch weniger wie eine typische Biene aussehen lässt. Die Große Holzbiene ist eine weitere ungewöhnlich aussehende Biene mit tief schwarzem, hummelartigem Körper und attraktiven blau schimmernden Flügeln.

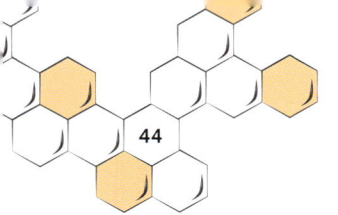

▶▶ Die pelzige, farbenfrohe Hummel ist ein gern gesehener Gast im Garten hinter dem Haus oder auf dem Land. Ihr dicker Körper ist ein Futterspeicher. Hummeln (Gattung Bombus) sind sozial lebende Insekten, die man an ihren schwarzen und gelben, oftmals gebänderten Körperhaaren erkennt. Manche Arten können jedoch auch orange oder rot gestreift oder völlig schwarz sein. Eine andere eindeutige (aber nicht ausschließliche) Eigenschaft ist die Weichheit ihrer Haare, die aus langen, verzweigten Seten (Borsten) bestehen, den ganzen Körper bedecken und der Hummel einen pelzigen Umriss verleihen. Hummeln lassen sich von ähnlich großen, pelzigen Bienen am besten durch die Form des Hinterbeines der weiblichen Tiere unterscheiden, das zu einer Corbicula, einem Körbchen, umgebildet ist; dabei handelt es sich um eine glänzende konkave Fläche, die kahl ist, aber von einem Haarsaum umgeben ist, der zum Transport von Pollen dient (bei vergleichbaren Bienen ist das Hinterbein behaart und Pollen wird zum Transport zwischen die Haare geklemmt). Bedauerlicherweise sind einige Hummelarten vom Aussterben bedroht.

>> *Diese schlanke kleine Halictidenart („Schweißbiene")
ist in Nordamerika weit verbreitet.*

Die kleinste Biene der Welt ist die Zwergbiene
Trigona minima; sie ist etwa 2,1 mm lang und
gehört zu den stachellosen Bienen. Am anderen
Ende der Skala steht als größte Biene der Welt die
Indonesische Blattschneiderbiene *Megachile pluto*
(nach ihrem Entdecker auch als „Wallace-Riesen-
biene" bezeichnet), die 38 mm Länge erreicht.
Die weltweit am stärksten verbreitete Biene ist die
Europäische Honigbiene, unser alter Freund *Apis
mellifera*, doch in Nordamerika ist die Gattung
Augochloropsis aus der Familie der *Halictidae*
am verbreitetsten. Da diese Bienen in Europa
nicht vorkommen, haben sie keinen deutschen
Namen. Auf Englisch heißen sie „sweat bees",
also „Schweißbienen", da sie oft auf der Haut von
Menschen landen, um das Salz aus ihrem Schweiß
aufzunehmen. Das kann ein beklemmendes Erleb-
nis sein, da viele von ihnen Wespen sehr ähnlich
sehen. Halictidae haben auch eine sehr ungewöhnliche Art, Pflanzen zu bestäuben, die sogenannte
Vibrationsbestäubung: Sie packen den Staubbeutel mit ihren Kiefern und vibrieren mit ihren Flügeln,
woraufhin sich der Pollen auf ihrem Körper verteilt.

>> *Kuckucksbienen (oben) und Blattschneiderbienen
(oben rechts) haben eine schlankere Taille als Honigbienen und Hummeln, was ihnen ein wespenartiges
Aussehen verleiht.*

>> *Diese wunderschöne Blauschwarze Holzbiene hat blau
schimmernde Flügel und gilt als harmlos.*

Das bedeutet, dass Biene und Pflanze gleichermaßen voneinander anhängig sind, damit ihre Art überlebt. Das Nest einer Solitärbiene ist von Art zu Art unterschiedlich; es können ein paar Zellen in einer Höhle in einem Baum oder ein Loch in einer Böschung sein. Im Falle der Rotpelzigen Sandbiene *(Andrena fulva)* ist das Nest oft ein Loch, das in eine Wiese gegraben wurde, mit einem kleinen Erdhügel am Eingang, der an einen Mini-Vulkan erinnert.

Ein anderes interessantes Nestbauverhalten findet sich bei Mitgliedern der Familie *Megachilidae*, von denen die Blattschneiderbienen und die Mauerbienen am bekanntesten sind. Statt ihre Nester aus Drüsensekreten aufzubauen, sammeln sie Material wie Schlamm, gekaute Blätter, Blütenblätter und Teile von tierischen Fellen. Gärtner sind oft verwirrt, wenn aus den Rändern ihrer Rosenblütenblätter halbrunde Stücke herausgebissen sind. Meist ist das das Werk von Blattschneiderbienen wie *Megachile centuncularis*. Sobald die Biene ein geeignetes Stück aus einem Blatt herausgeschnitten hat, trägt sie es zwischen ihren Beinen davon. Erst dann kaut sie es zu einer Paste, die sie in ihrem Nest verteilt.

▶▶ *Oben und rechts unten: Die Rotpelzige Sandbiene* (Andrena fulva) *ist eine Solitärbiene, die in Erdhöhlen lebt.*

SOZIALE UND SOLITÄRBIENEN

In Gegenden wie den Wüsten rings ums Mittelmeer und dem Südwesten der USA sind Solitärbienen äußerst häufig und vielfältig. Nach der Paarung baut die weibliche Biene ein Nest aus Drüsensekreten, in dem sie dann Vorräte von Pollen und Nektar für ihre Nachkommen deponiert, als Nahrung nach dem Schlüpfen. Damit spielen Solitärbienen eine wichtige Rolle bei der Bestäubung, und viele Arten spezialisieren sich darauf, nur bestimmte Typen von Pflanzen zu bestäuben.

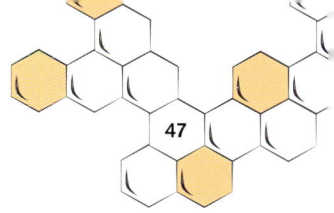

Solitärbienen bauen jede ein eigenes Nest, doch manche Arten bauen ihre Nester dicht beieinander, wodurch der Eindruck entsteht, dass sie sozial lebende Insekten seien. Große Gruppen von Solitärbienennestern bezeichnet man als Aggregation. Zu einer anderen Art von Aggregation kommt es, wenn Bienen besonderer Arten einen gemeinsamen Nistplatz miteinander teilen – etwa eine große Höhle in einem Baum –, aber jede eigene Vorkehrungen für ihre Zellen trifft. Ein Vorteil dieses Arrangements ist, dass der Nistplatz nur einen Eingang braucht und daher leichter gegen Parasiten und räuberische Fressfeinde verteidigt werden kann.

▶▶ *Rechts und unten: Die Florentiner Wollbiene* (Anthidium florentinum) *und die Blattschneiderbiene sind die häufigsten Mitglieder der Familie Megachilidae.*

SOZIALE BIENEN

Diese Bienen leben in einer Gemeinschaft zusammen. Die am höchsten entwickelten unter ihnen werden als eusozial oder hochsozial bezeichnet. Solche Gemeinschaften finden sich unter den Hummeln, den Stachellosen Bienen und ihren Verwandten, den Honigbienen. In diesen Systemen hat jedes Volk eine Königin und eine große Zahl weiblicher Bienen, die Arbeiterinnen genannt werden. Zu bestimmten Zeiten produziert das Volk auch Drohnen (männliche Bienen) zum Zweck der Paarung und Hervorbringung neuer Königinnen.

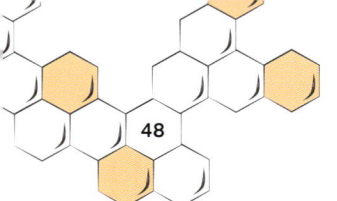

▶▶ Oben: Diese Mauerbiene (Osmia ribifloris) hat einen wunderschönen bläulichen Schimmer. Sie ist eine von mehreren Arten, die auch als „Heidelbeerbienen" bezeichnet werden, und gehört zur Familie der Megachilidae. Heimisch ist sie in den Küstengebirgen Südkaliforniens.

▶▶ Unten: Eine Blattschneiderbiene an einem Bienenhotel

HUMMELN

Hummeln (*Bombus*-Arten) gibt es in der ganzen Welt, doch verglichen mit vielen anderen Bienenarten scheinen sie höhere Lagen und Breitengrade zu bevorzugen, obwohl es auch einige Arten in tropischen Niederungen gibt. Eine der Erklärungen dafür, dass Hummeln in kühleren Klimazonen gefunden werden, ist die Annahme, dass sie ihre Körpertemperatur regulieren können.

Hummeln sind groß, pelzig und uns durch das brummende Geräusch vertraut, das sie beim Fliegen von Blüte zu Blüte machen. Ihr Stachel hat keine Widerhaken, sie können also häufiger als einmal stechen. Es gibt weltweit mehr als 250 Hummelarten; charakteristisch sind ihre mehrfarbigen Körperhaare, meist gelbschwarz oder orange-schwarz gestreift. Sie ernähren sich von Nektar und sammeln Pollen, um ihre Jungen zu füttern. Hummeln sind wichtige natürliche Bestäuber, doch ihre Zahl ist in den letzten Jahren zurückgegangen.

Hummeln gründen jedes Jahr ein neues Volk. In unseren Breiten überleben nur die befruchteten Königinnen den Winter. Wenn sie im Frühling allein ein neues Volk gründen, bauen sie ein Nest und bereiten es mit Vorräten für die Aufzucht ihrer Jungen vor.

▶▶ *Eine Hummel auf Buchweizen*

▶▶ *Eine Hummel teilt sich mit einer Honigbiene eine Blüte.*

▶▶ *Links: Eine Hummel auf einer Jungfer im Grünen* (Nigella damascena)

▶▶ *Unten: eine weibliche Dunkle Erdhummel* (Bombus terrestris)

Hummeln legen ihre Nester oft unterirdisch an, etwa in einem unbenutzten Mauseloch, in dichten Wurzelballen hoher Gräser oder unter einem Komposthaufen im Garten. Das Nest ist ein Ball aus Gras und Moos mit Wachszellen darin. Im Hochsommer, dem Höhepunkt der Saison, können in dem Nest zwischen 50 und 200 Tiere leben, die Königin und Arbeiterinnen. Die Nester sind selten mehrjährig und werden jedes Jahr neu errichtet. Am Ende der Saison werden unbefruchtete Königinnen und Drohnen produziert. Diese paaren sich und die

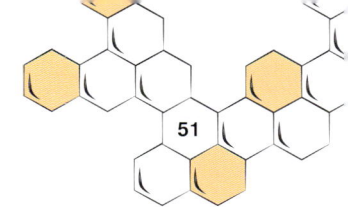

▶▶ *Diese „Teddybär-Biene"* (Amegilla bombiformis)*, eine Pelzbienenart, ist in Australien beheimatet.*

▶▶ *Ein Erdhummelnest*

▶▶ *Eine Hummel saugt Nektar in einer Tulpenblüte*

alte Königin, die Arbeiterinnen und die Drohnen sterben ab, während sich die jungen Königinnen verteilen, um Überwinterungsplätze zu suchen, bis sie ihrerseits im Frühling ein neues Volk gründen.

KUCKUCKSHUMMELN

Die Kuckuckshummeln (*Psithyrus*-Arten) werden heutzutage als Untergattung der Hummeln betrachtet, während sie früher als eigenständige Gattung galten. Wie der Vogel gleichen Namens leben Kuckuckshummeln parasitisch, in diesem Fall legen sie ihre Eier in Hummelnester. Dazu dringt eine weibliche Kuckuckshummel in ein noch im Bau befindliches Hummelnest ein und beginnt dort mit der Eiablage. Die im Nest lebenden Arbeiterinnen greifen sie an, doch meist erfolglos. Sie fressen die Eier der Wirtskönigin und legen ihre eigenen Eier in die Waben. Die Arbeitshummeln füttern die Jungen der Kuckuckshummel anstelle ihrer eigenen Jungen. Weibliche Kuckuckshummeln besitzen keine Vorrichtungen zum Pollensammeln, da sie selbst keine Absicht haben, Futter für ihre Larven bereitzustellen.

STACHELLOSE BIENEN

Die gut 20 Gattungen der Stachellosen Bienen sind verwandt mit den Honigbienen, Hummeln und Holzbienen. Hier befassen wir uns mit dem Stamm der Stachellosen Bienen *(Tribus Melipo-nini)*, doch um zur Verwirrung beizutragen, gibt es auch andere Bienen, die nicht stechen. Den Meliponini hingegen fehlt nicht etwa der Stechapparat – er ist einfach nur zu klein, um eine wirksame Verteidigungswaffe zu bilden. Stachellose Bienen leben in subtropischen und tropischen Regionen wie Südostasien, Australien, Afrika, Mexiko und Südamerika. Viele Arten werden wegen ihres Honigs geschätzt und auf ähnliche Weise gehalten und gepflegt wie Honigbienen.

Stachellose Bienen sind soziale Insekten. Ihre Nester legen sie in hohlen Baumstämmen, in unterirdischen Höhlungen, in Felsspalten und

▸▸ *Oben: Eine in Australien heimische Blaugebänderte Pelzbiene* (Amegilla cingulata)

▸▸ *Unten: Diese in Australien lebenden Fleckenbienen (Gattung* Thyreus*) sind Brutschmarotzer bei den Blaugebänderten Pelzbienen.*

▶▶ *Links: Eine Kuckuckshummel aus der Familie* Andrenidae

▶▶ *Unten: Die stachellose Biene* Meliponula ferruginea

etlichen vom Menschen hergestellten Gegenständen wie alten Mülltonnen und Vorratsfässern ab. Obgleich sie nicht stechen, verteidigen sie ihre Nester doch energisch, entweder durch Bisse mit ihren scharfen Kiefern oder, im Falle einiger Arten, durch Absonderung eines Unterkiefersekrets, das schmerzhafte Blasen hervorruft. Die Stöcke einiger Arten können extrem groß werden, mit einer Anzahl von einigen Hundert bis zu etwa 80 000 Bewohnern. Die Bienen bewahren ihren Pollen und Honig in eiförmigen Gefäßen aus Bienenwachs auf, die sie rings um die Brutwaben anlegen, in denen die Larven gehalten und aufgezogen werden.

Etwa vierzehn der Wildbienenarten in Australien sind stachellos. Alle sind kleine, schwarze Insekten mit behaarten Hinterbeinen, die zum Pollentransport geeignet sind. Sie sind in Gärten beliebt, da sie bei der Bestäubung helfen, keine Bedrohung für den Menschen darstellen und für eine Honigproduktion in kleinem Ausmaß verwendet werden können. Da die Bienen nur wenig überschüssigen Honig erzeugen, darf man ihre Stöcke nicht so weit entleeren, dass das Volk Gefahr läuft, zu verhungern.

Die Stachellosen Bienen Mittelamerikas wurden schon von den Mayas wegen ihres Honigs gehalten und galten als heilig. Heute sind sie jedoch durch das Zusammenwirken von Wohnraumverlust durch Abholzung der Wälder und den Einsatz von Insektiziden gegen andere Schadinsekten bedroht, aber auch durch Veränderungen in der Bienenhaltung, die mit dem Aufkommen der Afrikanisierten Honigbiene verbunden sind.

▶▶ *Unten: Honigbienen kamen mit den ersten Siedlern aus Europa nach Nordamerika.*

HONIGBIENEN

Weltweit gibt es etwa sieben Arten von Honigbienen und knapp über 40 Unterarten, die alle zur Gattung *Apis* gehören. Wenn heute jedoch von Honigbienen die Rede ist, meinen wir gewöhnlich die domestizierte Europäische oder Westliche Honigbiene, *Apis mellifera.*

Als Gruppe entstanden Honigbienen vielleicht in Südasien, doch verschiedene Rassen wurden in Gegenden wie Afrika und Europa fest etabliert, sowohl wild als auch in Bienenstöcken. Die ersten Fossilien von Honigbienen finden sich in Ablagerungen des Eozäns und Oligozäns und sind damit etwa 35 Millionen Jahre alt. Honigbienen wurden schon lange wegen ihrer Honigproduktion von Menschen geschätzt und wurden schon zur Zeit der alten Pharaonen in Ägypten vor mehreren Tausend Jahren gehalten.

Zwerghonigbienen *(Apis florea)* und Zwergbuschbienen *(Apis andreniformis)* sind kleine Bienen, die kleine, meist recht auffällige Nester im Laub von Bäumen oder Sträuchern bauen, oft rund oder länglich und bis zu 20 cm groß. Diese Bienen haben nur einen kleinen Stechapparat am Hinterleib. Zwergbienen findet man in Süd- und Südostasien, zum Beispiel in Thailand, und damit in denselben Teilen der Welt wie die Riesenbiene *Apis dorsata.* Diese bildet auffällige Nester von einem Meter Durchmesser oder mehr, meist hoch in den Ästen von Bäumen, an Felsklippen oder sogar an Gebäuden. Anders als Zwerghonigbienen, mit denen man mit einem minimalen Risiko, gestochen zu werden, umgehen kann, sind Riesenhonigbienen respekteinflößende Verteidiger ihrer Nester, wenn sie Plünderern begegnen – einschließlich menschlicher Wesen.

▶▶ *Gegenüberliegende Seite: Die Westliche Honigbiene*

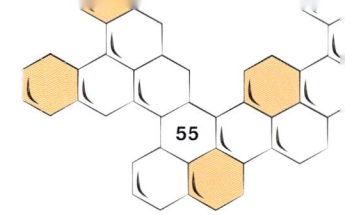

▶▶ *Links: Riesen-honigbienen (Apis dorsata) findet man vor allem in Süd- und Südostasien.*

▶▶ *Unten: Eine Zwerghonig-biene. Ihr Nest ist zwar klein, aber recht auf-fällig mit seiner runden oder läng-lichen Form.*

Honigbienen werden zwar als Haustiere in Bienen-stöcken gehalten, doch wenn sie wild leben, bauen sie Nester in Höhlen. Es gibt weltweit einige unter-schiedliche Unterarten von *Apis mellifera*, beson-ders in Europa, dem Mittleren Osten und Afrika.

Zu den europäischen Unterarten gehören:

▶ ITALIENISCHE BIENE (APIS MELLIFERA LIGUSTICA)

Die Italienische Biene ist die verbreitetste Honig-biene in Südeuropa und in Nord- und Südame-rika. Die Arbeiterin hat einen gelben Körper mit schwarzen oder bräunlichen Streifen. Die Drohnen sind goldfarben ohne Streifen. Die Königin kann man leicht an ihrem großen, gold-orangefarbenen Hinterleib erkennen. Die Italienische Biene hat auch eine lange Zunge, sodass sie in tiefere Blütenkelche eintauchen kann als kürzerzüngige Bienen. Da sie ursprünglich aus dem warmen Klima der italienischen Halbinsel kommt, liebt diese Biene schönes Wetter und kann sich sehr fruchtbar vermehren.

Sie findet den größten Teil des Jahres Blüten und hat daher reiche Gelegenheit, Vorräte an Nektar und Pollen für den Winter anzulegen. In kälteren Klimazonen jedoch, wenn natürliche Nahrung im Winter knapp wird, brauchen diese Bienen viel Futter – mehr als andere Bienen in gemäßigten Zonen –, da bei ihr größere Bestände im Stock überwintern. Die Italienische Biene ist ruhig auf der Wabe und hält ihren Stock sauber, sodass sie leicht zu halten und zu behandeln ist.

Solange sie genug Platz hat, wird sie nicht leicht schwärmen. Unter den richtigen Bedingungen ist sie ein wunderbarer Honigproduzent.

▶ KRAINER BIENE
(APIS MELLIFERA CARNICA)

Diese Biene stammt aus den Kärntner oder Krainischen Alpen in Slowenien. Dank ihrer Herkunft vom Balkan ist sie abgehärtet und an ziemlich lange Winter gewöhnt. Bei ihr gehen im Winter die Bestände im Stock erheblich zurück, ehe sie ihre Völker im folgenden Jahr wiederaufbaut, eine Folge des Mangels an natürlicher Nahrung in ihrer ursprünglichen Heimat. Daher kann sie im Winter mit weniger Nahrung gehalten werden als zum Beispiel die Italienische Biene. Doch sie kann auch sehr schnell reagieren und sobald das Wetter wärmer wird, erhöht sich die Stockbevölkerung und schwärmt dann sehr leicht. Die Krainer Arbeiterin ist eine ruhige und freundliche Biene, ziemlich dunkel gefärbt – meist grau oder schwarz mit grauen Hinterleibsstreifen. Ihre lange Zunge befähigt sie,

sich von Pflanzen wie Rotklee zu ernähren. Drohnen haben schwarze Hinterleiber. Königinnen sind ganz schwarz gefärbt. Die Krainer Biene ist nicht nur tolerant gegenüber den Arbeiten am Stock, sie erzeugt auch nur wenig Propolis.

▶ KAUKASISCHE BIENE
(APIS MELLIFERA CAUCASIA)

Ursprünglich im Kaukasus zu Hause, gilt diese Unterart der Honigbiene in der Regel als sehr sanft und fleißig und als ruhig auf der Wabe, wenn der Stock untersucht wird. Wenn diese Bienen aber mit anderen gekreuzt werden, haben sich Berichten zufolge einige der daraus hervorgegangenen Völker als problematisch erwiesen. Kaukasische Bienen reagieren auf die winterlichen Bedingungen, indem sie ihre Bestände im Stock reduzieren und sich sparsam von ihren gespeicherten Vorräten ernähren. Diese Bienen haben sehr lange Zungen. Die Arbeiterinnen sind grau mit helleren Streifen auf dem Hinterleib. Drohnen und Königinnen sind dunkel gefärbt.

▶▶ *Die Italienische Biene* (Apis mellifera ligustica) *findet man meist in Südeuropa und in Nord- und Südamerika.*

▶▶ *Kärntner oder Krainer Bienen aus Slowenien, eine Unterart der Europäischen oder Westlichen Honigbienen.*

▶▶ *Eine Kaukasische Biene* (Apis mellifera caucasia) *nimmt von einem nassen Stein Wasser auf.*

▶ DUNKLE EUROPÄISCHE BIENE
(APIS MELLIFERA MELLIFERA)

Die Dunkle Biene ist das „Typusexemplar", das der Systematiker Karl von Linné 1758 zur Klassifikation der Bienen heranzog. Es handelt sich um eine kleine, dunkel gefärbte Biene.

Es gibt noch weitere europäische Unterarten, zum Beispiel *Apis mellifera iberiensis* von der Iberischen Halbinsel, *Apis mellifera cecropia* aus Griechenland und *Apis mellifera ruttneri* aus Malta. Zu den aus Afrika stammenden Unterarten gehören:

▶ OSTAFRIKANISCHE HOCHLANDBIENE
(APIS MELLIFERA SCUTELLATA)

Die Ostafrikanische Hochlandbiene ist kleiner als alle europäischen Bienen und baut auch kleinere Zellen. Sie kommt in West-, Zentral- und Ostafrika vor, aber auch hybridisiert als Afrikanisierte Honigbiene in Südamerika, Mittelamerika und dem Süden Nordamerikas. Die Ostafrikanische Hochlandbiene ist eine besonders fleißige Biene, die schon früh am Morgen aktiv ist und bis spät am Abend Blüten besucht. Sie gilt als aggressive Art, die schnell und verteidigungsbereit reagiert, wenn die Kolonie gestört wird, und Störenfriede

▶▶ *Eine Europäische oder Westliche Honigbiene beim Sammeln von Nektar.*

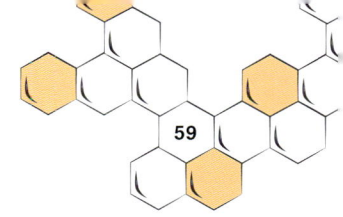

>> Oben: Die Ostafrikanische Hochlandbiene ist kleiner als ihre europäischen Verwandten. Hier ist die Königin zur Unterscheidung von den Arbeiterinnen mit einem roten Punkt markiert.

gleich in Massen angreift. Daher wurden ihre Hybriden in Amerika als Killerbienen bezeichnet. Größere Störungen können das Volk zum Schwärmen bringen.

▶ KAPBIENE
(APIS MELLIFERA CAPENSIS)
Diese dunkel gefärbte Biene entstand in den Küstenregionen Südafrikas. Arbeiterinnen können fruchtbare Eier legen, die sich zu weiteren weiblichen Bienen entwickeln, können sich aber nicht mit Drohnen paaren. Fehlt eine Königin, können

die Arbeiterinnen den Weiselstoff produzieren. Es gibt noch weitere afrikanische Bienen wie die *Apis mellifera adansonii* aus Nigeria, *Apis mellifera lamarckii* aus Ägypten und dem Sudan und *Apis mellifera jemenitica* aus Uganda, Somalia, dem Sudan und dem Jemen.

Außerdem gibt es verschiedene Unterarten von Bienen, die aus anderen Teilen der Welt stammen, wie Asien und dem Mittleren Osten. Dazu gehört *Apis mellifera meda* aus dem Irak, *Apis mellifera anatolica* aus der Türkei und dem Irak, *Apis mellifera syriaca* aus Israel und *Apis mellifera pomonella* aus Zentralasien.

>> Unten: Eine Honigbiene mit deutlich sichtbarem, gefülltem Pollenkörbchen

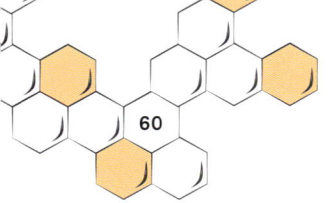

5. KAPITEL

DAS LEBEN DER HONIGBIENE

Bevor man überhaupt an Bienenhaltung denkt, ist es wichtig zu wissen, wie sich das Leben der Honigbiene abspielt, wer im Stock wer ist, wie die Stockhierarchie funktioniert, welche die natürlichen Feinde der Bienen sind und so weiter.

Das erleichtert die Behandlung und Pflege der Bienen sehr, man wird alle möglichen Probleme im Auge behalten und schließlich den von den Bienen erzeugten wichtigen Honig ernten. Die Honigbiene lebt ein bemerkenswertes Leben.

▶▶ *Krainer Bienen umringen ihre größere Königin.*

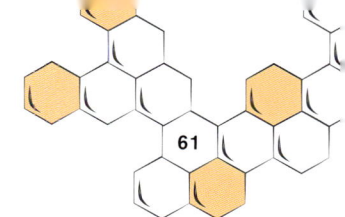

Für den flüchtigen Betrachter zeigt sich bei einem oberflächlichen Blick in einen Bienenstock kaum mehr als eine Menge Bienen, die sich ständig bewegen, aber sonst nicht viel bewirken. Und doch zeigen diese faszinierenden Wesen nicht nur ein Niveau der Kooperation, Kommunikation, Aufopferungsbereitschaft und des unermüdlichen Einsatzes, wie man dies von keinem anderen wirbellosen Tier kennt, sondern auch ein höheres Maß an sozialer Organisation als viele höher entwickelte Tiere. Wir können zunächst die verschiedenen Typen von Bienen im Volk betrachten. In der Wildnis bauen Honigbienen ihr Nest in einer natürlichen Höhle wie einem hohlen Baumstamm oder einer verlassenen Tierhöhle in einer Böschung. Wenn das geschieht, bezeichnet man dieses Nest voller Bienen als Volk. Bei domestizierten Bienen lebt das Bienenvolk einfach in einer von Menschen gebauten Behausung, dem Stock.

▶▶ *Eine ältere Königinnenlarve in einer Weiselzelle, die auf einer Wachswabe aufliegt*

DIE KÖNIGIN

Die Königin ist die Herrscherin des Volkes. Auch wenn sie die anderen Bienen im Stock nicht wirklich herumscheucht, wie ihr königlich klingender Titel nahelegen könnte, steuert sie dennoch das Verhalten des Volkes durch die Absonderung von Hormonen. Unter fast allen Lebensbedingungen, abgesehen zum Beispiel von denen der Kapbienen, legt die Königin die Eier, die sich zu weiteren Tieren des Volkes entwickeln werden. Das ist ihre wichtigste Rolle und damit sie diese effizient erfüllen kann, wird sie von den anderen Mitgliedern des Stocks (den Arbeiterinnen) verwöhnt, gefüttert und ständig umsorgt. Jedes Volk hat immer nur eine Königin gleichzeitig. Sie ist erkennbar größer als die anderen Bienen (etwa 15 bis 19 mm lang) mit einem langen, spitz zulaufenden Hinterleib. Der große Hinterleib ist nötig, denn fast ihr ganzes Leben lang ist die Königin kaum

mehr als eine besonders effiziente Eierlegemaschine. Sie kann an einem einzigen Tag ein- bis zweitausend Eier oder mehr produzieren, und da sie zwei oder drei Jahre leben kann, ist sie in der Lage, in ihrem Leben über zwei Millionen Eier zu legen. Wie bei allen Bienen im Volk ist die Farbe der Königin je nach Art unterschiedlich.

ZUR KÖNIGIN GEBOREN

Irgendwann im Leben eines Volkes wird es nötig sein, eine neue Königin hervorzubringen. Der Grund dafür kann sein, dass die derzeitige Königin nicht mehr genügend Eier legen kann, verletzt wurde oder sogar gestorben ist. Eine neue Königin wird auch erzeugt, wenn das Volk für das Nest oder den Stock zu groß wird, was einen Schwarm auslöst. Das ist eine Massenflucht der alten Königin und etwa der Hälfte der

Arbeiterinnen aus dem Nest, um ein neues Volk aufzubauen. Die neue Königin bleibt mit dem Rest des Volkes im ursprünglichen Bienenstock.

Die neue künftige Königin beginnt ihr Leben als befruchtetes Ei, das die amtierende Königin legt; in diesem Zustand ist das Ei identisch mit allen Eiern, aus denen Arbeiterinnen schlüpfen werden. Das befruchtete Ei wird in eine Weiselzelle gelegt; sie ist größer als die Zellen zur Aufzucht von Arbeiterinnen und hängt senkrecht auf der Wabe im Unterschied zu den Arbeiterinnen- und Drohnenzellen, die horizontal angelegt sind. Hier entwickelt sich das Ei etwa drei Tage lang. Dann löst sich die äußere Hülle des Eis auf und legt eine kleine raupenartige Larve frei. Nun beginnen Arbeiterinnen sofort, diese Larve zu füttern, indem sie Nahrung zu ihrer Zelle bringen. Es kommt zu unzähligen Besuchen der Arbeiterinnen, die eine

reiche, besonders nährstoffreiche Nahrung bringen, das Gelée Royale, das aus Pollen, Honig und Enzymen besteht. An den ersten zwei oder drei Tagen erhalten alle neuen Larven dieses Gelée Royale. Aber die Larven, die Königinnen werden sollen, bekommen nichts anderes. Die Nahrung für die Arbeiterinnen und Drohnen wird nach einigen Tagen zurückgestuft, sowohl in qualitativer als auch in quantitativer Hinsicht. Die Folge ist, dass sie sich nie zu Königinnen entwickeln. Gleichzeitig beginnen die Larven, aus denen einmal Königinnen werden sollen, die Fortpflanzungsorgane und die Pheromon- und Hormondrüsen zu entwickeln, die sie zukünftig brauchen werden. Vom Ei bis zur ausgewachsenen Königin dauert es etwa 16 Tage; dagegen braucht eine Arbeiterin 21 Tage für die Entwicklung vom Ei zum ausgewachsenen Tier und eine Drohne 24 Tage für den gleichen Zyklus.

Zunächst zieht das Volk so viele Königinnen heran, wie es braucht, um sicher für Ersatz zu sorgen. Manchmal können sich etwa 20 entwickeln, alle in etwas unterschiedlichen Stadien. Wenn das passiert, beginnt die erste Königin, die schlüpft, alle anderen potenziellen königlichen Rivalen zu töten. Sie tut das, indem sie in die Zellen beißt, die die anderen Königinnen enthalten, und diese totsticht. Manchmal schlüpfen mehrere Königinnen gleichzeitig aus ihren Zellen; dann bricht ein Kampf aus, bis nur eine siegreiche Königin übrig ist. Die neue Königin frisst dann einige Tage lang oder wird von Arbeiterinnen gefüttert, während sie noch heranreift. Dann unternimmt sie einige Orientierungsflüge in der Nachbarschaft des Stocks, um sich für den Hochzeitsflug vorzubereiten. Dabei macht sich die jungfräuliche Königin mit markanten Punkten vertraut, damit sie nach dem Hochzeitsflug, der bald bevorsteht, wieder zu ihrem Stock zurückfindet.

▶▶ *Eine aufgeschnittene Weiselzelle, darin sichtbar die verpuppte Königin (mit dunkel werdendem Auge)*

▶▶ *Eier und Larven (ein Teil der Brutzellenwände wurde weggeschnitten)*

Wenn sie bereit ist, verlässt die jungfräuliche Königin den Stock, um sich mit Drohnen (männlichen Bienen) zu paaren. Die Königin sucht dabei nach Möglichkeit Drohnen von anderen Völkern, was Inzucht verhindert und dafür sorgt, dass der Genpool lebendig bleibt. Der Hochzeitsflug oder manchmal mehrere Hochzeitsflüge, die sich dann über mehrere Tage hinziehen, findet statt, wenn das Wetter geeignet ist; die besten Bedingungen herrschen an sonnigen Nachmittagen. Hochzeitsflüge finden in zehn bis dreißig Metern Höhe in der Luft oder Waldlichtungen statt, wobei die Königin einen starken sexuellen Lockstoff abgibt,

um ihre Freier anzuziehen. Sie kann sich mit mehreren Drohnen paaren, die gleich nach dem Ereignis sterben und ihre Paarungsorgane in der Königin lassen. Während ihrer Hochzeitsflüge nimmt die frisch begattete Königin so viel Sperma von den Drohnen auf, denen sie begegnet, dass es sie befähigt, alle Eier, die sie in ihrem ganzen Leben legen wird, zu befruchten. Sie bewahrt die Spermien in einer Tasche in ihrem Hinterleib auf, der als Spermathek bezeichnet wird. Jedes Mal, wenn sie ein Ei legt, gibt sie gleichzeitig eine kleine Menge Sperma aus der Spermathek frei, um es zu befruchten.

Sollte dagegen eine längere Schlechtwetterperiode Hochzeitsflüge verhindern, kann die Königin bald aus dem paarungsfähigen Alter heraus sein und das Volk wird anfangen, weitere Königinnen für diese Aufgabe vorzubereiten. Falls ein Volk aus irgendeinem Grund unfähig ist, eine frisch gepaarte Königin hervorzubringen, kann es nicht weiter bestehen; ist das der Fall, muss der Imker eine andere Königin aus einer anderen Quelle bereitstellen, um das Überleben des Stocks zu gewährleisten.

Zurück im Stock beginnt die gepaarte Königin die Steuerung des Volkes durch die Absonderung komplexer Pheromone zu übernehmen, die zum größten Teil von den Hypopharynxdrüsen in der Nähe ihrer Kiefer in ihrem Kopf produziert werden. Diese Emissionen, bekannt als Weiselstoff oder Königinnensubstanz, werden von den Arbeiterinnen wahrgenommen und dienen dazu, das Volk zu einen, indem sie ihm deutlich signalisieren, dass eine Königin im Stock ist und dass daher alles in Ordnung ist. Gerüche und Düfte verbreiten sich im ganzen Stock. Ein Rückgang der wahrgenommenen Menge an Weiselstoff ist ein Signal an die Arbeiterinnen im Stock, dass eine neue Königin benötigt wird (aus den oben genannten Gründen wie dem bevorstehenden Ende des Eierlegens einer Königin oder wegen Überfüllung). Kommt es zur Überfüllung, wird das Volk schwärmen.

▶▶ *Arbeitsbienen sind unfruchtbare weibliche Bienen.*

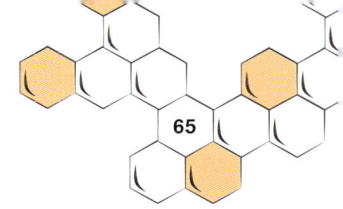

▶▶ *Links: Bienen schwärmen, wenn der Stock überfüllt ist. In so einem Fall verlässt die Königin in Begleitung einiger Arbeiterinnen und Drohnen den Stock, um ein neues Volk zu begründen.*

▶▶ *Unten: Larvenfütterung im Stock durch bestimmte Arbeiterinnen, die sogenannten Ammenbienen.*

DIE ARBEITERIN

Die Arbeiterin ist die häufigste Biene im Stock. Tatsächlich besteht ein Volk, abgesehen von der Königin und den Drohnen, die nur erzeugt werden, wenn eine Paarung erforderlich ist, nur aus Arbeiterinnen. Sie sind die kleinsten Mitglieder des Stocks, etwa dreizehn bis siebzehn Millimeter groß, und sie sind außer unter besonderen Umständen nicht fortpflanzungsfähig. Im Durchschnitt kann ein Stock in einer Saison mehrere Tausend Arbeiterinnen enthalten.

Arbeiterinnen tun, was ihr Name besagt: Sie schützen das Nest; sie räumen auf und putzen; sie sorgen für die richtige Temperarur im Stock; sie bauen die Wachszellen, in die die Eier gelegt werden; sie füttern und umsorgen die Königin und alle jungen Arbeitsbienenlarven; sie fliegen in endlosen Ausflügen herum und sammeln Nahrung von Blüten; sie verwandeln Nektar in Honig und speichern alle Nahrung, die sie haben, einschließlich des überschüssigen Honigs, den der Imker entnimmt. Jede Arbeiterin ist für unterschiedliche

Aufgaben innerhalb des Stocks verantwortlich. Obwohl diese Aufgaben in unterschiedlichen Phasen ihres Lebens variieren können, arbeiten die Arbeiterinnen in Gruppen. Zu den ersten Aufgaben junger Arbeitsbienen zum Beispiel gehört das Reinigen und Polieren der Zellen, das Bauen von Waben und das Füttern von Larven. Dagegen sind es meist ältere Arbeiterinnen, die auf Futtersuche gehen. Im Sommer lebt eine Arbeitsbiene in gemäßigten Klimazonen etwa sechs Wochen lang. Wenn sie im Herbst geboren wird, kann sie bis zu sechs Monate lang leben.

Das Leben einer Arbeitsbiene beginnt als Ei, das die Königin legt, und in diesem Stadium gibt es keinen Unterschied zwischen einem Ei, aus dem eine Arbeitsbiene schlüpft, und einem, das eine Königin werden soll. Sobald aus dem Ei eine Larve wird, wird es die ersten drei Tage mit dem gleichen Gelée Royale gefüttert wie eine künftige Königin. Danach wird die Nahrung der Arbeitsbienenlarve jedoch zurückgeschraubt, woraufhin sie unfähig ist, Fortpflanzungsorgane und diverse

Drüsen auszubilden. Nach einem sechstägigen Larvenstadium verwandelt sich die Larve in eine Puppe. Zwölf Tage später schlüpft aus dieser die voll entwickelte Arbeiterin. Zunächst erbittet sie Futter von älteren Arbeiterinnen und bleibt noch in der Mitte des Stocks, wo der meiste Pollen gelagert wird und wo es am sichersten und wärmsten ist. Bald findet sie ihren Pollen selbst und beim Fressen entwickelt sie einige der Organe, die sie braucht, um ihre Pflichten als Arbeiterin zu erfüllen. Wie bereits erwähnt, gehört zu ihren ersten Aufgaben die Erhaltung und das Putzen der Zellen nach dem Schlüpfen der Puppen und das Reinigen des Stocks, indem sie Kot, tote Bienen und andere Abfälle entfernt. Bald übernimmt sie andere Aufgaben, wie den Wabenbau.

Wenn sich die Mandibulardrüsen und die Hypopharynxdrüsen in ihrem Kopf ausgebildet haben, kann die Arbeiterin damit beginnen, Larven mit einer Mischung aus Honig und Pollen zu füttern,

▶▶ Oben und unten: Arbeitsbienen sammeln Nektar von Nelkenblüten. Gut zu sehen: das Pollenkörbchen an der Biene rechts.

und später kann sie sie mit Gelée Royale füttern, das die Drüsen in ihrem Kopf erzeugen. Sie wird sich auch um die Königin kümmern und dabei den äußerst wichtigen Weiselstoff im Stock verteilen, wodurch sie anderen Mitgliedern des Volkes mitteilt, dass die Königin anwesend und alles in Ordnung ist. Dies geschieht allerdings nicht, wenn die Königin ausfällt oder tatsächlich fehlt.

Die Regelung der Temperatur im Stock ist eine wichtige Aufgabe der Arbeiterinnen. Optimal ist eine Temperatur von 35 Grad und wenn sie höher steigt, werden die Arbeiterinnen mit ihren Flügeln fächern, um Luft zu bewegen und die Temperatur senken zu helfen. Unter extremeren Bedingungen verteilen die Arbeiterinnen erst kleine Wassertropfen und fächern dann mit ihren Flügeln, sodass noch kühlere Luft zirkuliert. Ist es dagegen kalt, hängen die Arbeiterinnen ihre Flügel aus und vibrieren mit der Brustmuskulatur, um zusätzliche Wärme zu erzeugen und den Stock zu heizen.

➤➤ *Oben und unten: Arbeitsbienen gehen ihren vielen Verpflichtungen nach.*

▶▶ *Meist sind es die älteren Bienen, die auf Beuteflug gehen.*

NAHRUNGSSUCHE

Eine Arbeiterin, die bereit dazu ist, auf Nahrungs-suche zu gehen, beginnt damit, dass sie sich in der Nähe des Einfluglochs aufhält, wo sie den Nektar von Bienen übernehmen kann, die bereits sammeln. Sofern genug Platz im Stock ist, in dem der Nektar untergebracht werden kann, wird die Biene ihn bereitwillig übernehmen. Doch sie wird es nur zögernd tun, wenn der Speicher-platz knapp wird, besonders wenn der Nektar von geringerer Qualität ist als der, den andere Samm-lerinnen anbieten.

In einem Alter von etwa vier Wochen beginnt die Arbeiterin mit ihren Aufgaben als Sammlerin oder als Kundschafterin, welche Quellen von Pollen, Nektar und Wasser sucht. Es ist für Bienen ungewöhnlich, ständig üppige Nahrungsquellen in der Nähe ihres Stocks vorzufinden. Meist müssen sie dorthin fliegen, wo diese zu finden sind. Der Nahrungsbedarf der Bienen ändert sich im Laufe der Saison und natürlich blühen nicht alle Blumen die ganze Saison lang; manche Pflanzen blühen nicht einmal einen ganzen Tag lang.

Ganz ähnlich sind auch nicht alle Bienen damit beschäftigt, dasselbe zu sammeln: Manche suchen nur Pollen, andere nur Nektar, wieder andere sammeln beides. Daher ist das Finden und Sammeln von Nahrung eine komplexe und genau gesteuerte Aktivität. Wenn eine Kundschafterin eine Futterquelle findet, erkundet sie sie, indem sie auf der Blume landet, ihre Proboscis ausfährt und etwas Nektar aufsaugt. Dann orientiert sie sich, merkt sich den Standort dieser

▶▶ Oben: Eine Honigbiene zieht ihren Nutzen aus einer Fenchelblüte.

▶▶ Unten: Eine Arbeiterin, mit Pollen beladen, den sie nun heim in den Stock trägt.

Nahrungsquelle und die Position der Sonne (die Bienen auch dann wahrnehmen können, wenn sie von Wolken verdeckt ist), bevor sie zum Stock zurückfliegt.

WEITERGABE VON NACHRICHTEN

Nach der Rückkehr in den Stock vollführt die Kundschafterin eine von mehreren Arten von Bewegungen, die als Tänze bekannt sind und den anderen Stockbewohnern die Lage und die Ergiebigkeit der neuen Futterquelle mitteilen, die sie gefunden hat. Sammlerinnen üben ähnliche Tänze aus.

Die Tänze werden in der Dunkelheit des Stocks auf den senkrechten Oberflächen der Waben aufgeführt. Liegt die Futterquelle in der Nähe, also innerhalb von 25 Metern vom Stock, führt die Biene einen „Rundtanz" auf, wobei sie sich im Kreis bewegt und oft die Richtung wechselt. Je größer der Wert der Nahrungsquelle, desto häufiger kommt es zu diesen Richtungswechseln. Ist die Futterquelle weiter entfernt, bis zu 100 Metern, dann vollführt die Biene einen „Schwänzeltanz", wobei sie einem etwas abgeflachten Achtermuster folgt und ihren Hinterleib seitlich hin und

▶▶ *Diese Konstruktion in einem Obstgarten soll dafür sorgen, dass die Blüten befruchtet werden und die Bäume Früchte tragen. Sie ahmt einen wilden Bienenstock so weit nach wie möglich.*

>> *Diese Biene sammelt Nektartropfen, die die Pflanze ausgeschwitzt hat.*

SAMMELFLÜGE

Eine Biene, die sich auf einen Sammelflug begibt, um Pollen, Nektar und vielleicht Wasser für den Stock zu holen, steht vor einer möglicherweise gefährlichen Reise. Als wäre die Aufgabe, vom Stock aus hin- und herzufliegen, beladen mit Nahrung, nicht schwer genug, muss die sammelnde Arbeiterin alle Arten von natürlichen und von Menschenhand gemachten Gefahren vermeiden. Trotz ihrer Stachel betrachten viele Tiere Bienen als perfekte Mahlzeit: Krabbenspinnen lauern in Blüten unschuldigen Insekten auf, so perfekt getarnt, dass sie erst entdeckt werden, wenn es zu spät ist; Bienen fallen Gottesanbeterinnen und

her bewegt, wenn sie sich auf der geraden Linie zwischen den beiden Kreisen der Acht bewegt. Die Entfernung der Nahrungsquelle ist durch die Dauer des Geradeauslaufs angegeben und durch die Frequenz, mit der sie mit ihrem Hinterleib schwänzelt. Diese Bewegungen werden von hochfrequenten Summgeräuschen begleitet. Gemeinsam informieren diese Aktionen andere Bienen von der Qualität der Futterquelle. Der Winkel, in dem die Biene sich geradeaus bewegt, entspricht dem Winkel zwischen der Richtung der Futterquelle und der Sonne, vom Flugloch aus gesehen. Die Tänze werden begleitet von Fühlerberührungen und dem Vibrieren der Waben. All das hilft, diese wichtige Information an andere Sammlerinnen weiterzugeben.

>> *Arbeiterinnen bei der Arbeit im Bienenstock*

anderen räuberischen Insekten zum Opfer; auch viele Vögel finden Bienen köstlich (man braucht nicht lange zu raten, wie der Bienenfresser zu seinem Namen kam); und schließlich sind auch andere Tiere wie Frösche, Kröten und Spitzmäuse tierische Feinde der Bienen.

Unten: Eine Arbeiterin fliegt meist über eine größere Entfernung, ehe sie Nahrung findet.

Auch landwirtschaftliche Methoden machen Bienen das Leben schwer. Die Verringerung geeigneter Kulturpflanzen in der Nähe bedeutet, dass sie weiter weg sammeln müssen, mit allen damit verbundenen Gefahren; und Gemüse oder auch Gartenblumen, die mit Insektiziden besprüht sind, sind natürlich für Bienen tödlich – nicht nur für die Sammlerinnen, sondern auch für andere Stockbewohner, die später in Kontakt mit vergifteten Bienen oder Pollen kommen. Von Menschen geschaffene Strukturen wie fahrende Autos fordern auch ihren Zoll, ebenso wie Häuser und andere Gebäude, worin nichtsahnende Bienen gefangen und sinnlos getötet werden können.

Auch das Wetter spielt für den Erfolg oder Misserfolg der Sammelaktivität einer Biene eine beträchtliche Rolle. Anhaltendes, sehr trockenes Wetter oder plötzliche Kälteeinbrüche sind gutem

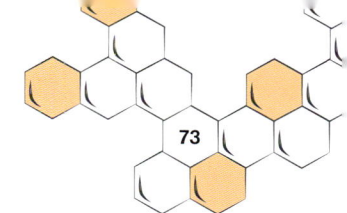

Sammeln nicht zuträglich und starker Wind oder plötzliche schwere Schauer machen das Fliegen schwierig, zumal eine schwer beladene Biene ohnehin nicht gerade ein besonders aerodynamischer Flugkünstler ist.

DIE DROHNE

Für die meisten Menschen sind Drohnen vielleicht die am wenigsten verstandenen Mitglieder des Bienenstockes. Sie sind auch ein kurzlebiger Teil der Gemeinschaft, werden in ziemlich kleinen Zahlen nur zu einer bestimmten Zeit des Jahres und nur für eine einzige Aufgabe produziert. Drohnen sind männliche Bienen und sie unterscheiden sich von den weiblichen im Stock (den Arbeiterinnen und der Königin) gleich auf mehrere Weisen. Da sie keine Legeapparate besitzen, können sie nicht stechen, spielen also keine Rolle bei der Verteidigung des Stocks. Auch nehmen sie an der Sammlung von Pollen und Nektar nicht teil, da ihnen auch hierfür der nötige Apparat fehlt.

Tatsächlich besteht praktisch ihre einzige Rolle darin, sich mit einer neuen Königin zu paaren und sie zu befruchten. Daneben können sie noch bei der Regulierung der Temperatur im Stock mithelfen. Drohnen habe eine wichtige Besonderheit: Sie sind das Erzeugnis eines unbefruchteten Eis, das die Königin gelegt hat, während Arbeiterinnen aus befruchteten Eiern entstehen.

▶ *Arbeiterinnen auf der Nahrungssuche*

Daher sind Drohnen die Nachkommen allein der Königin und haben einzelne, unpaarige Chromosomen, was zu der Beschreibung führte, sie seien „fliegende Keimzellen". In gemäßigten Regionen werden die Drohnen, die nicht bei der Paarung mit der neuen Königin starben, in der Regel vor dem Wintereinbruch aus dem Stock vertrieben, und da sie nicht für sich selbst sammeln können, sterben sie bald an Kälte oder verhungern.

Eine Drohne oder, wie Fachleute sagen, ein Drohn, ist etwa 15 bis 18 Millimeter lang und damit wenig kleiner als die Königin. Er hat einen pelzigen, breiten, stumpf endenden Hinterleib, während jener der Königin lang und zugespitzt ist. Drohnen erkennt man leicht an ihren Facettenaugen, die groß und zur vorderen Kopfseite hin erweitert sind und sich in der Mitte treffen. Die großen Augen helfen den Drohnen, Königinnen auf dem Hochzeitsflug zu erspähen.

▶▶ *Oben: Eine Arbeiterin auf der Nahrungssuche*

▶▶ *Unten: Hier ist die ausgefahrene Zunge der nektarsammelnden Biene gut zu sehen.*

Sie dürften es ihnen auch erleichtern, Fressfeinde zu entdecken, da sie ja keinen eigenen Stachel zu ihrer Verteidigung besitzen. Die Flügel der Drohnen sind länger als der Hinterleib, während Königinnen kürzere Flügel haben.

Wie andere Bienen auch, beginnen Drohnen ihr Leben als Ei in einer Zelle. Meist liegen die Drohnenzellen an den Seiten des Stocks, wo die Temperaturen etwas niedriger sind als im Inneren. Wenn die Drohnen nach drei Tagen aus dem Ei geschlüpft sind, verbringen sie sechs oder sieben Tage als Larve, ehe sie sich für etwa zwei Wochen verpuppen und dann nach insgesamt rund 24 Tagen die Zelle verlassen. Arbeiterinnen füttern die in der Entwicklung begriffenen Drohnen. Sie erhalten eine ziemlich nährstoffreiche Futtermischung, reichhaltiger als die der Arbeiterinnen, doch nicht so reichhaltig wie die einer Königin.

Arbeiterinnen füttern auch die geschlüpften ausgewachsenen Drohnen, auch wenn diese sich von den Honigvorräten im Stock ernähren können. Wie die Königin auch, lernen die Drohnen auf einer Reihe von Orientierungsflügen die Anlage des Landes rings um den Stock kennen. Zu gegebener Zeit brechen die Drohnen zu ihren Paarungsflügen zur Befruchtung der Königinnen auf. Sie paaren sich nicht mit Königinnen aus demselben Stock, was Inzucht verhindert und dazu beiträgt, den Genpool gesund zu halten.

▶▶ *Oben: Die Drohne der Honigbiene ist kaum für etwas anderes nütze als dafür, sich mit der Königin zu paaren.*

▶▶ *Mitte: Eine frisch geschlüpfte Drohne der Krainer Biene* (Apis mellifera carnica)

▶▶ *Unten: Die besonders großen Augen befähigen Drohnen, Königinnen auf ihrem Hochzeitsflug rasch zu entdecken.*

SCHWARMBILDUNG

Sobald ein Volk zu groß geworden ist – mit anderen Worten: sobald der ganze Stock mit Eiern, Larven und Nahrung gefüllt ist –, wird es schwärmen. Imker merken das an mehreren Zeichen: Die Arbeiterinnen bauen Brutzellen für Königinnen; diese sind größer als gewöhnliche Zellen und werden so angelegt, dass sie vom Boden des Stockrahmens herunterhängen. Nicht so leicht zu erkennen ist die Tatsache, dass gleichzeitig einige Sammlerinnen ihre Aufmerksamkeit weg vom Futtersammeln hin zur Suche nach geeigneten neuen Plätzen für ein neues Zuhause richten. Wenn die erste der neuen Königinnenlarven so weit ist, dass sie sich verpuppt, und wenn das Wetter schön ist, verlassen die alte Königin, etwa die Hälfte der Arbeiterinnen und einige Drohnen en masse den Stock. Die übrigen Stockbewohner bleiben zurück und leben mit der neuen Königin normal weiter. Diese wird bald ihre Hochzeitsflüge unternehmen und dann mit der für sie fast endlosen Aufgabe des Eierlegens beginnen.

Hat der Schwarm der ausziehenden Bienen den Stock verlassen, schwirren die Bienen draußen in der Nähe des Stockes herum, bevor sie zu einem neuen Sammelplatz aufbrechen, der oft auf den Zweigen eines 45 bis 60 Meter hohen Baumes liegt. Dann zeigen Kundschafterinnen den anderen Bienen im Schwarm die Lage möglicher künftiger Nistplätze, indem sie deren Position durch ihre Schwänzeltänze anzeigen. Schließlich wird ein Platz ausgewählt und der Rest des Schwarms bricht dorthin auf. Die erste Aufgabe besteht im Bau einer neuen Wabe für die Aufzucht der Jungen und als Honigspeicher. Sammlerinnen bringen Futter und Wasser zum neuen Nest, die Königin fängt an, Eier zu legen, und bald ist das neue Volk auf vollen Touren.

▶▶ *Zum Schwärmen kommt es, wenn der Stock zu voll wird. Die Königin, viele Arbeiterinnen und einige Drohnen ziehen dann en masse aus, um ein neues Volk zu gründen, und überlassen einer neuen Königin den alten Stock.*

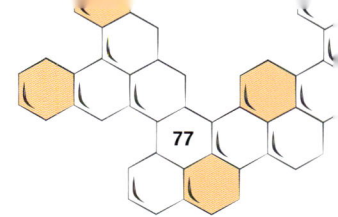

6. KAPITEL

BIENENERZEUGNISSE

Für den Imker ist die wichtigste Frucht der Arbeit einer Honigbiene natürlich der Honig. Doch die Bienen sammeln oder erzeugen noch mehrere andere Produkte. In einem späteren Kapitel werden wir genauer die Bedeutung nicht nur von Honig betrachten, sondern auch einige andere Erzeugnisse, die für den Menschen wertvoll sind.

▶▶ *Diese und nächste Seite: Goldener Honig mit seinen wertvollen Inhaltsstoffen erinnert an lange Sommertage, den schweren Duft vieler Blüten und das ständige Summen der Bienen, die scheinbar mit der Qual der Wahl von Pflanze zu Pflanze huschen.*

HONIG

Bienen erzeugen Honig als Nahrung für sich selbst, auf die sie besonders dann zurückgreifen, wenn andere Nahrung knapp wird oder es kalt ist. Honig wird aus dem Nektar von Blüten gewonnen. Seine Süße ist wohlbekannt und kommt von den 31 Prozent Glukose und 38 Prozent Fruktose, die entstehen, wenn die Enzyme der Bienen den Nektar verarbeiten. Honig enthält auch ungefähr 18 Prozent Wasser, kleine Mengen eines weiteren Zuckers, der Saccharose, und diverse Mineralien, Vitamine und Enzyme.

Sobald eine Sammlerin mit dem zuckerreichen Nektar in ihrer Honigblase zum Stock zurückgekehrt ist, wird der Nektar mehrere Male hochgewürgt, bis die teilweise verdaute Substanz die gewünschte Konsistenz und Qualität erreicht hat und fertig ist, um in Honigzellen aufbewahrt zu werden. Der Wassergehalt des Honigs wird dadurch reduziert, dass die Bienen mit ihren Flügeln fächern, um die Verdunstung zu steigern. Dann wird die Zelle mit einem Wachsdeckel verschlossen, bis der Honig gebraucht wird. Dank der einzigartigen antibakteriellen und antimykotischen

▶▶ *Oben: Reine Honigwaben direkt aus dem Bienenstock. Frische Waben werden manchmal als Scheibenhonig oder Wabenhonig verkauft und intakt verwendet.*

▶▶ *Rechts: Frischer Honig ist zähflüssig.*

Eigenschaften des Honigs ist er lange haltbar, ohne zu fermentieren oder zu verderben, sofern er gut verschlossen ist. In späteren Kapiteln dieses Buches gibt es noch mehr über Honig zu berichten, auch darüber, wie man ihn erntet und über seine zahlreichen Verwendungen, von der rein medizinischen bis zu seiner Rolle als Hauptinhaltsstoff in vielen Getränken und Nahrungsmitteln.

POLLEN

Pollen von den Staubgefäßen der Blüten ist die wichtigste Nahrungsquelle der Bienen, abgesehen von Kohlenhydraten und Wasser. Im Laufe eines Sommers sammelt ein Bienenvolk Pollen von einer breiten Vielfalt unterschiedlicher Blumen, die nacheinander zu blühen beginnen, und das Ergebnis ist eine wohlausgewogene Nährstoffmischung. Bienen bekommen durch Pollen Eiweiß, Stärke, Fett, Mineralien und Vitamine, Inhaltsstoffe, die sie benötigen, um ihre Körper aufzubauen, ihre Larven zu füttern, Wachs zu erzeugen und das Gift zu produzieren, mit dem sie den Stock verteidigen. Als Nahrung ist Pollen lebenswichtig für die Entwicklung der Larven und der frisch geschlüpften Arbeiterinnen, aber auch für die Erzeugung von Brutfutter (Gelée Royale). Falls aus irgendeinem Grund der Pollen knapp wird, ist als Folge davon die Leistung des gesamten Volkes gefährdet.

Wenn eine Sammlerin zu ihrem Stock zurückkommt, schwer beladen mit ihren Pollenkügelchen in den Pollenkörbchen an ihren Hinterbeinen, legt sie diese Last sofort in eine Zelle, die bereits etwas Pollen enthalten kann.

» Links: Arbeitsbiene beim Pollensammeln

» Unten: Der Pollen wird in Körbchen an den Hinterbeinen gesammelt, ehe die Biene ihn ins Nest bringt.

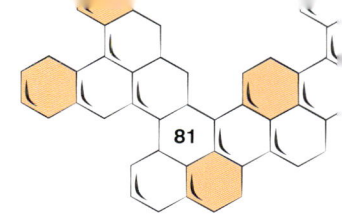
Andere Bienen stopfen den Pollen darin mit ihren Köpfen fest, um Platz zu sparen. Pollen wird dicht am Brutnest aufbewahrt, wo er gleich zur Hand ist. Gleichzeitig fügen die Arbeiterinnen etwas Honig, Nektar und einige Drüsensekrete hinzu, um seinen Nährwert zu steigern.

BIENENWACHS

Bienenwachs ist ein natürliches Wachs, das die Arbeiterinnen der *Apis*-Arten produzieren, sobald sie etwa 12 Tage alt sind. Sie haben Wachsdrüsen am vierten, fünften, sechsten und siebten Hinterleibssegment. Das Wachs, das diese Drüsen absondern, bearbeiten die Bienen erst mit den Beinen und dann mit den Kiefern oder Mandibeln. Es dient zum Bau der Wände der Waben und zum Verdeckeln oder Versiegeln der mit Honig gefüllten Zellen.

Wachsplättchen sind zunächst klar und farblos. Erst wenn die Arbeiterin sie gekaut hat, wird das Wachs weiß. Wenn Pollen und Propolis dazukommt, wird es gelb oder braun. Zur Verstärkung kann es mit Propolis angereichert werden. Wie wir später sehen werden, ernten Imker neben Honig auch Wachs, für das es eine Vielzahl von Verwendungen gibt.

▶▶ *Oben: Bienenwachs dient zur Herstellung von Kerzen, die einen angenehmen Duft verbreiten.*

▶▶ *Unten: Wachs direkt aus dem Stock kann dunkel verfärbt sein.*

▶▶ *Bienen verwenden Wachs, um die Zellen der Honigwaben oder Brutzellen mit Larven, die sich verpuppen, zu versiegeln.*

GELÉE ROYALE

Von dieser lebensnotwendigen Substanz war schon die Rede. Sie wird von jungen Arbeiterinnen in ihren Futtersaftdrüsen (Hypopharynxdrüsen) erzeugt und ist eine der Substanzen, mit denen für eine Zeit lang alle Larven gefüttert werden und die wesentlich für die Entwicklung späterer Königinnen ist. Später schauen wir uns an, wie Imker die Produktion von Gelée Royale fördern können, wie es geerntet wird und wie es als Nahrungsergänzungsmittel zum Einsatz kommt.

PROPOLIS

Propolis ist eine Art Mehrzweckbaustoff, den Honigbienen aus Harzen erzeugen, mit denen Pflanzen ihre Knospen vor Bakterien und Pilzen schützen und Insekten daran hindern wollen, sie zu fressen. Zu den Pflanzen, von denen Propolis gewonnen wird, gehören Pappeln und verschiedene Koniferenarten, aber auch einige Blumen. Eine Sammlerin schabt mit ihren Kiefern eine kleine Menge vom Harz ab, was der Pflanze nicht schadet und schiebt es an ihre Hinterbeine, um es in den Stock zu bringen. Dort angekommen, vermischen Arbeiterinnen das Harz mit Enzymen, um es bearbeiten zu können. Oft mischen sie auch etwas Pollen darunter.

Propolis dient den Bienen dann zum Versiegeln kleiner Ritzen im Stock, damit die Elemente und ungebetene tierische Besucher draußen bleiben; größere Hohlräume werden meist zunächst mit Wachs gefüllt. Die gleichen antibakteriellen und antimykotischen Eigenschaften des Harzes, die die Pflanze schützen, von der es kam, dienen nun auch den Bienen, um Bakterien und Pilze aus dem Stock fernzuhalten.

Gelegentlich kann auch ein kleines Tier wie eine Spitzmaus in einen Bienenstock eindringen und dort sterben. Da die Bienen so einen großen Fremdkörper nicht entfernen können, umschließen sie ihn stattdessen mit Propolis und verlassen sich auf dessen Fähigkeit, den Körper wirksam zu mumifizieren und ihn daran zu hindern, schädliche Bakterien an das Nest abzugeben.

Propolis ist meist braun, kann aber von grau bis fast schwarz gefärbt sein, je nachdem, von welcher Pflanze das Harz gewonnen wurde. Bei Zimmertemperatur ist Propolis klebrig und hat eine Konsistenz wie Kaugummi. Bei Kälte jedoch wird es hart und spröde. Imker finden es oft schwer, Teile des Stocks zu öffnen, wenn diese mit Propolis verklebt sind. Bei Kälte lassen sich die gleichen Teile dagegen ganz leicht lösen, wenn das Propolissiegel zerbricht.

▶▶ *Oben: Ein Aufbau aus Propolis im Stock*

▶▶ *Unten: Propolis ist ein Harz, das Bienen von Pflanzen gewinnen. Es dient dazu, den Stock zu versiegeln und ihn vor den Elementen und ungebetenen Gästen zu schützen.*

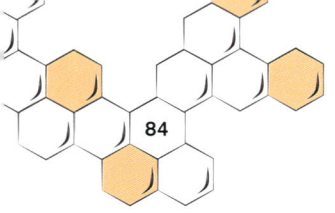

7. KAPITEL

BIENEN, HONIG UND DER MENSCH

Die Verbindung der Menschen mit den Bienen ist uralt. Das Bindeglied war zweifellos die Entdeckung, dass der Honig, den die Bienen erzeugen, auch für Menschen eine wertvolle Nahrung darstellt. Bald galt er als Symbol für Süße schlechthin: So ist „Honey" im Englischen heute ein Kosewort. Vielleicht stießen die Menschen der Frühzeit auf ein Bienennest, das bereits von einem Tier, wie zum Beispiel einem Bären, geplündert worden war oder das sichtbar wurde, nachdem der Baum, der es beherbergte, vom Blitz getroffen oder vom Wind beschädigt wurde. Man glaubt, dass Menschen vor etwa 10 000 Jahren die Jagd auf Honig aufnahmen. Eine Höhle bei Valencia in Spanien zeigt eine etwa 8000 Jahre alte mesolithische Felsenmalerei mit einer Frau, die Honig und Waben aus einem Nest wilder Bienen in einem Baum sammelt. Die Frau benutzt eine Art Leiter, um an das Nest zu gelangen und hat einen Korb, um die Beute davonzutragen. Der Künstler berichtet jedoch nicht, wie viele Stiche die Frau für ihre Mühen bekommen haben mag!

Mit der Zeit entdeckten Menschen, vielleicht wieder durch Zufall, dass der Rauch eines Feuers auf Bienen beruhigend wirkte, woraufhin Darstellungen des Honigsammelns oft Sammler zeigen, die mit rauchenden Fackeln bewaffnet sind.

▶▶ Oben und gegenüberliegende Seite unten: Honig ist eines der ungewöhnlichsten und ältesten Nahrungsmittel, die es bis heute gibt. Geschätzt wird er schon, seit die Jäger der Steinzeit erstmals wilde Honigbienennester geplündert haben.

Die Wände des Sonnenheiligtums des ägyptischen Pharaos Niuserre von 2422 v. Chr. zeigen Arbeiter, die Rauch in Bienenstöcke blasen, während sie die Waben entnehmen.

In Widerspiegelung der Bedeutung des Honigs für die Menschen im Alten Ägypten wurde die Honigbiene nach der Vereinigung von Unter- und Oberägypten zum Symbol von Oberägypten. Auch die 3. Dynastie (um 2650 v. Chr.) behielt dies bei. Die Ägypter verwendeten Honig zum Süßen von Kuchen und Keksen und in vielen anderen Gerichten und

▶▶ *Im Alten Ägypten entdeckte man, dass der Rauch eines Feuers Bienen beruhigte. Diese Methode wird noch heute angewendet – mit modernerem Gerät.*

▶▶ *Links: Eine goldene Biene, das Werk der antiken Minoerkultur auf Kreta*

▶▶ *Mitte: Eine kleine Tafel mit einer Bienengöttin aus dem 7. Jahrhundert v. Chr., die mit Artemis verbunden wird. Bienen und Honig waren in der Kultur der Griechen wichtig: Honig galt als Nahrung der Götter.*

wegen seiner konservierenden Eigenschaften auch zum Einbalsamieren der Toten. Darstellungen vom Grab des Ober-Vermögensverwalters Pabasa aus der Spätzeit des alten Ägyptens (um 650 v. Chr.) zeigt zylindrische Bienenstöcke und Menschen, die Honig in Krüge gießen. Auch die alten Griechen liebten Honig und nachweislich gab es in biblischen Zeiten im Heiligen Land, vor rund 3000 Jahren, eine gut entwickelte Honigproduktion: In den Ruinen auf dem Tel Rechov in Israel entdeckten Archäologen eine Imkerei mit über 100 Stöcken aus Stroh und Lehm, von denen einige noch intakt waren. Dies ist eine der ältesten Imkereien, die bisher gefunden wurden, wenngleich die Kunst der Bienenhaltung noch älter ist.

In seinem Buch *Naturalis Historia* (Naturgeschichte), das zwischen 77 und 79 n. Chr. erschien, widmet der Schriftsteller, Naturkundler und Philosoph Plinius der Ältere Bienen und Honig viel Raum und beschreibt auch die vielen möglichen Verwendungen von Honig. In Teilen des byzantinischen Griechenland, wie in Rhodos, war es einst üblich, dass eine Braut ihre Finger in Honig tauchte und ein Kreuz schug, ehe sie ihr neues Zuhause betrat, während Honig im Römischen Reich manchmal statt Gold zum Zahlen von Steuern diente.

Obwohl Honig weiterhin eine wichtige Zutat in der Küche war, wissen wir nur wenig über Bienenhaltung im Mittelalter. Wir wissen jedoch, dass Abteien und Klöster damals besonders wichtige Zentren der Bienenhaltung waren. Honig war nicht nur ein wichtiges Nahrungs- und Süßungsmittel, sondern fermentierter Honig diente auch zur Herstellung des Met, eines alkoholischen Getränks. Met selbst hat eine lange Geschichte.

▶▶ *Minoischer Bienenanhänger aus Kreta, um 2000 v. Chr.*

Er ist älter als Wein und war schon im alten Kreta bekannt. Bienenwachs wurde lebensnotwendig, um Kerzen – die einfachste Form der Beleuchtung damals und noch viele Jahrhunderte später – und Wachssiegel zu erzeugen, die vor der Erfindung mit Leim beschichteter Kuverts die Privatheit von Briefen und Dokumenten sicherten. Hohe Würdenträger, wie Kirchenbeamte und Mitglieder von Königshäusern, signierten oder verschlossen Dokumente, indem sie ihre Siegelringe in das Siegelwachs drückten, bevor es erhärtete, und hinterließen so bleibende Eindrücke.

Mittelalterliche Manuskripte enthalten Bilder von Weidenkörben und genähten Strohkörben, die als Stülper bezeichnet werden. Es gibt auch Berichte über das Verbringen von Bienen in Heidemoore, wo sie die blühende Heide besuchen sollten, sowie über die Fütterung von Bienen im Winter und den Einsatz von Schwefel zum Töten von Bienen, um an ihren Honig und ihr Wachs zu gelangen.

▶▶ Oben: Eine Arbeitsbiene als Symbol der Stadt Manchester in England

▶▶ Links: Eine Biene im Vatikan

▶▶ Unten: Römische Bienenstöcke auf Malta

Oben und unten: Es kam die Zeit, als wilde Bienen eingefangen und in von Menschenhand gebauten Nestern gehalten wurden, wie zum Beispiel in diesen genähten Strohkörben.

Irgendwann in der Geschichte begannen Menschen, Wildbienen in künstlichen Nestern oder Stöcken zu halten, die aus ausgehöhlten Baumstämmen, hölzernen Kisten, Tongefäßen oder Strohgeflechten angefertigt wurden. Viele dieser Konstruktionen mussten zerstört werden, bevor der Honig und der sonstige Inhalt geerntet werden konnte, was den überflüssigen Verlust ganzer Bienenvölker zur Folge hatte.

Im 18. und 19. Jahrhundert wurden allmählich fortgeschrittenere Techniken der Bienenhaltung und der Stockkonstruktion entwickelt, mit der Folge, dass die Völker nach der Ernte von Honig und Wachs erhalten blieben. Im 19. Jahrhundert mündete die Entwicklung des modernen Bienenstocks in dem beweglichen Wanderstand aus

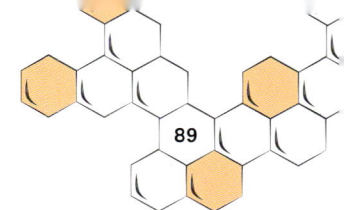

▶▶ *Dieser traditionelle portugiesische Bienenstock mit einem Pfannendach besteht aus Kork.*

mehreren Magazinbeuten, die der amerikanische Pfarrer Lorenzo Langstroth entwickelt hatte. Sein Name ist bei Imkern bis heute wohlbekannt und die Langstroth-Beute ist immer noch einer der beliebtesten Typen von Bienenstöcken, besonders in den USA.

Auch wenn sich die Form der Bienenstöcke seit den frühesten Typen entwickelt hat, ist die Imkerei heute noch weitgehend so wie seit Jahrhunderten. Und einige Kulturen in Teilen von Australien, Afrika, Asien und Südamerika gewinnen bis heute Honig, indem sie Wildbienennester plündern, mehr oder weniger auf die gleiche Art wie damals, als die Menschen vor Tausenden von Jahren damit anfingen.

Dabei helfen in Teilen von Afrika und Asien bestimmte Vogelarten, die Honiganzeiger, den Menschen mit bemerkenswert kooperativem Verhalten, die wilden Nester zu finden. Honiganzeiger ernähren sich von Bienenwachs und den Larven der Wachsmotte, die oft wilde Bienennester bewohnt.

▶▶ *Oben: Viktorianische Bienenstöcke in den Lost Gardens von Heligan in Cornwall, England*

▶▶ *Unten: Bienenkorb in Gestalt eines Hauses oder einer Kirche*

Diese und die nächste Seite: Bienenstöcke gibt es in allen Formen und Größen.

Die Honiganzeiger haben ihren Namen daher, dass sie Menschen und andere Tiere, wie zum Beispiel Honigdachse (Ratel), zu Bienennestern führen. Sobald der Vogel das Nest, das er selbst nicht öffnen kann, entdeckt hat, fliegt er davon, um sich einen Verbündeten zu suchen. Das aufgeregte Verhalten des Vogels, der immer wieder ein kurzes Stück fliegt und dann wartet, führt den Verbündeten zum Nest. Sobald der Mensch oder der Ratel das Nest öffnet, um den Honig zu stehlen, huscht der Honiganzeiger hinein, um sich an dem Wachs und den Larven gütlich zu tun.

▶▶ *Links: Die Langstroth-Beute ist der am häufigsten verwendete Bienenstock.*

▶▶ *Unten: Lorenzo Langstroth, Erfinder des berühmten Langstroth-Bienenstocks*

BIENEN UND HONIG IN MYTHOS UND RELIGION

Bienen und Honig waren lange ein Thema in der Religion. Bei den Bienenstöcken von Rechov, einer wichtigen bronze- und eisenzeitlichen Stadt der Kanaaniter auf einem hohen Erdhügel im Jordantal in Israel, wurde ein Altar entdeckt, den Fruchtbarkeitsidole schmückten, was an Zeremonien in Zusammenhang mit Bienenhaltung denken lässt. In der jüdischen Tradition spielt Honig bis heute eine

>> *Schmalschnabel-Honiganzeiger (Prodotiscus regulus), ein ungewöhnlicher kleiner Vogel, der Bienenwachs frisst und anderen die Lage von Wildbienennestern anzeigt.*

symbolische Rolle, wenn zu Rosch ha-Schana Apfelscheiben in Honig getaucht werden, um ein gutes und süßes neues Jahr zu sichern. In alten Kulturen des Mittelmeers und Vorderasiens galt die Biene als heiliges Tier, das die Welt der Lebenden mit der Unterwelt der Toten verband. Mykenische Tholosgräber waren wie Bienenkörbe geformt. Der Homerische Hymnos an Apollon berichtet, wie der Gott die Gabe der Prophezeiung von drei Frauen erhielt, wohl den Thriae, einer Trias vorgriechischer ägäischer Bienengöttinnen. Bilder der Thriae erscheinen auf geprägten Goldplaketten, die bei Camiros auf Rhodos gefunden wurden und aus dem 7. Jahrhundert stammen, auch wenn die Verehrung der Göttinnen älter ist.

Honig diente den meisten mittelamerikanischen Kulturen als Nahrung und war ein wichtiger Handelsartikel. Ah Muzen Cab, der Große Bienengott, war eine Gottheit der Maya. Deren Wort für Honig war das gleiche wie das Wort für Welt, was nahelegt, dass der Gott ein Schöpfergott war. Das Volk der San in der afrikanischen Kalahari erzählt in seiner eigenen Fassung des Schöpfungsmythos, dass eine Biene eine Mantis (eine andere Insektenart) über einen Fluss trägt. Die erschöpfte Biene verlässt die Mantis auf einem Blatt treibend, pflanzt aber vorher einen Samen in deren Körper. Der Same reift heran und wird das erste menschliche Wesen.

>> *Ah Muzen Cab, der Bienengott der Mayas*

Im Alten Testament wird Honig oft erwähnt. Im Buch der Richter sieht Samson (heute: Simson) auf dem Weg zu seiner Hochzeit den Schädel eines Löwen, den er zuvor mit bloßen Händen getötet hatte. Er bemerkt, dass Bienen darin nisten und Honig erzeugen. Beim Fest stellt er seinen 30 Trauzeugen ein Rätsel, für dessen Lösung er feine Gewänder verspricht. Das Rätsel „Vom Fresser kommt Speise, vom Starken kommt Süßes" bezieht sich daher auf seine zweite Begegnung mit dem Löwen. Das 2. Buch Mose beschreibt das Gelobte Land als Land, in dem Milch und Honig fließen, und im Matthäusevangelium des Neuen Testaments überlebt Johannes der Täufer in der Wildnis, indem er sich von Heuschrecken und Honig ernährt.

Dem Historiker Flavius Josephus zufolge bedeutet der Name der jüdischen Richterin und Prophetin Debora „Biene"; sie war für ihren Fleiß, ihre Weisheit und ihr sanftes Gemüt gegenüber ihren Freunden bekannt, aber auch für ihre Schärfe gegenüber ihren Feinden.

Honig spielt eine wichtige Rolle im buddhistischen Fest Madhu Purnima, das man in Indien und Bangladesch feiert und das daran erinnert, wie Buddha zwischen seinen Schülern Frieden stiften wollte und in die Wildnis zog. Dort brachte ihm ein Affe eine Honigwabe; die Buddhisten gedenken dieses Akts der Güte und schenken den Mönchen an Madhu Purnima Honig.

▶▶ *In der jüdischen Tradition taucht man zu Rosch ha-Schana Apfelscheiben in Honig, damit das neue Jahr süß wird.*

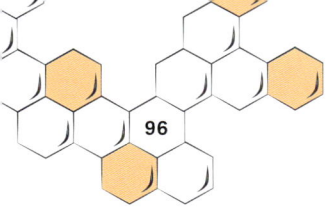

8. KAPITEL

BIENENHALTUNG

Obgleich die Bienenhaltung in vielen Ländern der Welt seit Langem kommerziell betrieben wird, wo sie Arbeitsplätze schafft und für Honig und andere wichtige Erzeugnisse sorgt, ist sie auch eine Aktivität, die von interessierten Einzelpersonen in kleinem Rahmen als ein interessantes Hobby durchgeführt werden kann, das zugleich etwas Honig für den persönlichen Gebrauch oder zum Verschenken an Freunde abwirft. Die Bienenhaltung kann auch ein geselliger Zeitvertreib sein, denn die Imkerverbände wollen nicht nur Informationen und Ratschläge weitergeben, sondern auch Plätze sein, an denen sich Gleichgesinnte treffen können.

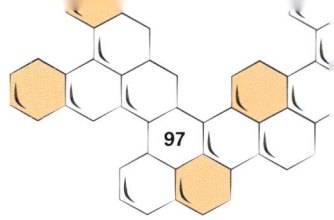

Es ist kaum überraschend, dass begeisterte Gärtner oft ebenso begeisterte Imker sind, denn wer selbst Bienen hält, kann sicher sein, dass die Bienen seine Pflanzen besuchen und bestäuben. Für andere ist der Honig der Hauptgrund für die Bienenhaltung: Ein gut betreutes Volk sollte in einer halbwegs blumenreichen Umgebung etwa 22 kg Honig pro Saison einbringen, vielleicht sogar etwas mehr. Bienen wegen des Honigs zu halten, ist Belohnung genug, aber es ist auch ein großes Privileg, diese faszinierenden Wesen aus erster Hand zu beobachten.

▶▶ *Gegenüberliegende Seite: Traditionelle Bienenkörbe aus genähtem Stroh, sogenannte Stülper*

▶▶ *Unten: Das Museum für Imkereigeschichte in Stripeikiai wurde 1984 von Bronius Kazlas und seiner Frau gegründet. Die Holzskulpturen illustrieren die Bedeutung der Bienen im Mythos diverser Kulturen, bei den Ägyptern, der amerikanischen Urbevölkerung und in Litauen.*

DIE RICHTIGE ENTSCHEIDUNG?

Bienenhaltung ist nicht jedermanns Sache. Auch wenn das Halten von Bienen nicht die Ausdauer und Zeit erfordert wie die Betreuung von Pferden oder anderen Haustieren, so müssen dennoch bestimmte Dinge zu bestimmten Zeiten getan werden. Notfällen oder potenziellen Problemen muss man sofort mit den richtigen Maßnahmen begegnen und das ganze Unterfangen muss richtig aufgesetzt und unterhalten werden, damit der Stock glücklich und erfolgreich ist. Bedenken Sie, dass Sie mit lebenden Tieren arbeiten, deren Wohlbefinden zu einem gewissen Grad von Ihnen abhängt. Eine andere offenkundige Tatsache, die es zu überlegen gilt, sind die Bienen selbst. Die Anwesenheit von einem oder zwei Bienenstöcken in Ihrem Garten wird die Zahl der Bienen, die durch die Gegend summen, ganz erheblich erhöhen, besonders in der Nähe des Stocks selbst, und das kann für manche Familienmitglieder ein Problem darstellen. Dann ist da die Tatsache, dass Bienen stechen und dass man als Imker in

einer Saison fast mehrmals gestochen wird. Die Wahrscheinlichkeit lässt sich durch guten Umgang mit Bienen und Stöcken erheblich senken.

Es wäre weise, alle Nachbarn zu befragen, deren Grund an den geplanten Standort Ihres Stockes oder Ihrer Stöcke angrenzt, ob sie ernsthafte Bedenken haben – wie etwa starke Allergien auf Bienenstiche. Auch sollte man prüfen, ob es Verträge, örtliche Statuten oder andere Einschränkungen gibt, die Ihre Bienenhaltung verhindern.

Bedenken Sie auch, dass Bienen trotz aller Pflege und Fürsorge und Ernährung durch den Imker niemals so zahm oder domestiziert werden wie andere landwirtschaftliche Nutztiere.

Der Imker muss mit den Bienen arbeiten, ihre Bedürfnisse und Stimmungen deuten und darauf richtig reagieren, während er sie mit freundlicher Bestimmtheit und Vertrauen zugleich behandelt. Bienen leben und arbeiten in einem saisonalen Zyklus, der durch das Wetter und die Verfügbarkeit

▶▶ *Oben und nächste Seite: Was die Erhaltung von Pflanzenarten angeht, sind Bienen in einem norddeutschen Landhausgarten ebenso lebenswichtig wie in Äthiopien.*

▶▶ *Links: Bienenhaltung in großem Stil am Fuße der Great Smoky Mountains in Tennessee. Zu den traditionellen Süßungsmitteln der Gegend gehören Honig, Mohrenhirse (Sorghum bicolor) und Ahornzucker. Honig wurde zunächst aus wilden Bienennestern gesammelt, doch die Bauern begannen Bienen zu domestizieren, hielten sie in hohlen Baumstümpfen, dann in Kisten. Beliebt ist in dieser Gegend der Sauerbaumhonig; Sauerbäume wachsen in Höhen zwischen 900 und 1500 Metern und besonders dicht auf den Westhängen der Great Smoky Mountains.*

von Blüten geregelt wird. Daher wird auch die Zeit, die Sie mit der Stockpflege verbringen, variieren. Im Sommer ist das eine halbe bis ganze Stunde pro Woche für jedes Volk, doch das kann sich mit wachsender Erfahrung Ihrerseits auf vierzehntägige Inspektionen reduzieren. Im Winter wird Ihre Arbeit in gemäßigten Zonen, wenn das Sammeln aufhört und die generelle Aktivität im Stock stark reduziert ist, großteils mit der Wartung Ihrer Ausrüstung zu tun haben. Doch denken Sie daran, dass Honig zu ernten und zu verarbeiten ist, ganz zu schweigen vom Entnehmen von einem Teil des Bienenwachses, was alles Zeit braucht. Doch war das nicht das, was die Sache so attraktiv gemacht hat?

EIN GUTER START

Bevor Sie sich auf die Mühen und Kosten einlassen, die Bienen für Ihren Stock und all das nötige Equipment zu besorgen – und es gibt davon vieles, was nur auf die Leichtgläubigen wartet –, lohnt es sich, Vorführungen von lokalen Imkerverbänden zu besuchen. Hier sehen Sie genau, was dazu gehört, einen Stock zu öffnen und mit den Bienen zu hantieren und Sie werden Gelegenheit bekommen, sachkundige und erfahrene Imker zu bitten, alle Fragen zu beantworten, die Sie bewegen. Vielleicht können Sie auch selbst mit den Bienen umgehen und dabei genau und aus eigener Erfahrung erleben, was auf Sie zukommt. Dies kann durchaus der Moment sein, in dem Sie feststellen, dass Ihnen die Aussicht, potenziell

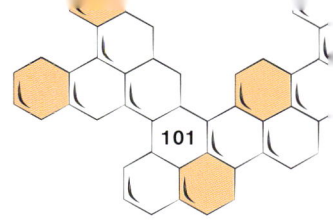

giftige kleine Tiere über Ihren ganzen Körper wandern zu lassen, keineswegs gefällt (trotz der Schutzkleidung) und dass die Imkerei doch nichts für Sie ist. Doch wenn Sie diese Vorstellung genießen und beschließen weiterzumachen, dann notieren Sie sich die anwesenden Personen, die Sie später optimal beraten können. Imker haben oft Stände auf Märkten und ähnlichen Veranstaltungen und auch wenn keine Bienen dabei sind, gibt es vielleicht Folder und andere nützliche Informationen oder jemanden, der erfahren genug ist, das Thema mit Ihnen zu besprechen. Es wird auch gut sein, einem Imkerverein in Ihrer Gegend beizutreten oder sich für einen Anfängerkurs anzumelden, vielleicht über einen lokalen Imkerklub, was eine sinnvolle Art ist, sich dem Thema auf die richtige Art und Weise anzunähern.

Es gibt viele Websites und Bücher zum Thema Imkerei und es lohnt sich, so viele wie möglich anzuschauen, um das Thema von allen Seiten kennenzulernen, während Magazine, Folder und Zeitschriften andere

≫ *Oben und unten: Die Idee, Bienen zu halten, ist verlockend. Doch achten Sie darauf, die Nachbarn nicht zu belästigen, und kümmern Sie sich ordentlich um Ihre Bienen.*

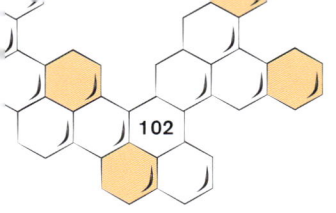

Gesichtspunkte behandeln. Berücksichtigen Sie dabei, dass sich nicht alle Informationsquellen notwendigerweise auf Ihre Heimat beziehen oder die Gegend betreffen, in der Sie Bienen halten wollen, sodass einige Diskussionen über Ausstattung und Techniken Sie gar nicht betreffen. Von Zeit zu Zeit werden Sie Artikeln begegnen, die Amateure oder andere Anfänger in der Imkerei verfasst haben. Das kann sehr informativ sein – und bisweilen amüsant –, von den Erfahrungen anderer zu lesen, vor allem wenn sie Sie vor Fallen warnen, in die Sie selbst leicht stolpern könnten.

Bevor Sie irgendeine Ausstattung kaufen, müssen Sie sich den besten Platz für einen Stock überlegen und dann vor dessen Eintreffen den Platz vorbereiten. Es versteht sich von selbst, dass der Stock auf festem, trockenem, unkrautfreiem Boden stehen soll.

▶▶ *Falls Sie Ihre Bienen hinter dem Haus halten wollen, dann bedenken Sie, dass viel mehr Bienen als sonst in der Gegend umherfliegen werden.*

Ideal ist ein sonniger Platz, gut gelüftet, vielleicht nach Süden gerichtet oder nach Osten. Platzieren Sie den Stock an einem frostfreien Platz, wo kein Wasser tropft und wo es möglichst wenig Wind gibt. Denken Sie daran, dass Sie selbst einen bequemen Zugang zum Stock brauchen, was ein Bienenstockstand sehr erleichtert. Manche Stöcke haben bereits angeschraubte Beine und dadurch eine für Sie passende Höhe. Der Stand muss so hoch sein, dass er den Stock aus der Reichweite von plündernden Tieren hebt, und so stabil, dass er das Gewicht eines gesunden Volkes tragen kann, das bis zu 70 Kilo betragen kann. Sie können einen Bienenstockstand aus Betonschalsteinen bauen, aus Ziegeln oder aus

▶▶ *Den eigenen Honig zu produzieren, ist unglaublich befriedigend, ebenso wie das Wissen, der eigenen Familie und Freunden eine exzellente Nahrung bieten zu können.*

▶▶ *Links und nächste Seite oben: Vor dem Start in die eigene Imkerei sollten Sie sich den besten verfügbaren Rat von Experten holen und Kurse besuchen, in denen der Kursleiter die richtige Art zeigt, Bienen zu handhaben, und auch Tipps für eine sinnvolle, optimale Ausrüstung gibt.*

festem Holz, und er sollte 60 bis 90 cm hoch sein. So kommen Sie an den Stock, ohne sich zu sehr herabbeugen zu müssen, und der Stock steht weit genug über dem feuchten Boden.

Egal, wofür Sie sich entscheiden, achten Sie darauf, dass der Stock sicher auf seinem Stand steht und nicht wackelt oder, schlimmer noch, von starkem Wind umgestürzt werden kann.

kaschieren Sie Ihren Stock, damit er für die Nachbarn kein Schandfleck wird, und bedenken Sie, dass die Flugbahn der Bienen so weit wie möglich von den Plätzen entfernt liegen sollte, an denen Sie oder Ihre Nachbarn es sich gemütlich machen; niemand wünscht sich Geschwader von Sammlerinnen, die über die eigene Terrasse fliegen, während man seinen Garten genießen will.

Die Flugbahn sollte auch fern von Straßen verlaufen. Ein hoher Zaun oder eine natürliche Pflanzenwand aus Koniferen, die in der Nähe des Stocks gepflanzt werden, sorgen dafür, dass die Bienen hoch genug und damit über Gefahren hinwegfliegen, wenn sie den Stock verlassen oder ihn anfliegen, und minimiert so Störungen. Und schließlich versteht es sich von selbst, dass Ihr Garten nun eine insektizidfreie Zone wird, wenn er es nicht schon war, denn Insektizidsprays können auch vom Wind zu Bienenstöcken geweht werden oder die in der Nähe stehenden Pflanzen einnebeln.

Denken Sie daran, dass Sie von den Seiten an den Stock herankommen müssen. Platzieren Sie ihn also mit viel freiem Raum ringsum. Sie müssen außerdem dafür sorgen, dass der Eingang nicht von Unkraut und anderem Pflanzenwuchs verdeckt wird.

Frisches Wasser muss jederzeit verfügbar sein. Ist keine Quelle in der Nähe, müssen Sie für Wasser sorgen. Das kann ein größerer, flacher Teller sein, der über dem Boden platziert wird, wie etwa ein Vogelbad. Doch was immer Sie verwenden, es muss den Bienen Zugang zum Wasser bieten, ohne dass sie Gefahr laufen, hineinzufallen und zu ertrinken. Wenn möglich,

▸▸ *Kinder sind fraglos fasziniert von Bienen, aber Sie müssen sie dabei ständig beaufsichtigen.*

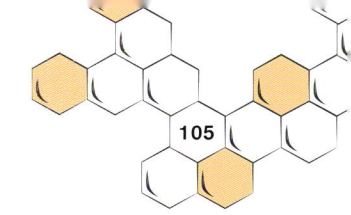

▶▶ *Oben links: Bienen können fast überall gehalten werden, sogar auf einem Häuserdach in der Stadt.*

▶▶ *Oben rechts und unten: Bienenhaltung kann erfolgreich und eine Bereicherung der Umgebung sein, egal wo Ihre Bienenstöcke stehen.*

DIE GRUNDAUSSTATTUNG

Es gibt Ausrüstung in Hülle und Fülle von vielen verschiedenen Anbietern. Vieles davon ist für den Anfänger unnötig und auch noch für den erfahrenen Kleinimker. Doch wenn Sie entschieden haben, was Sie brauchen, ist der beste Rat der, das Beste zu kaufen, was Sie sich leisten können, und es dann zu pflegen, sodass es Ihnen viele Jahre zuverlässig dient. Sicher ist es sinnvoll, die Preise vergleichbarer Gegenstände zu prüfen, bevor Sie schließlich zum Kauf schreiten. Bestellen oder besorgen Sie sich die gesamte Ausrüstung, die wirklich nötig ist, vorab, sodass alles zur Hand ist, sobald der Stock steht und läuft. Es ist zum Beispiel keine gute Idee, sich erst nach seiner Ankunft zu fragen, wie man ein Volk hungriger Bienen füttert. Daher befassen wir uns jetzt mit der wichtigsten Ausrüstung, bevor es um den Stock selbst geht.

▶▶ *Unten und gegenüber: Imker sollten zu ihrem Schutz Spezialkleidung tragen, z.B. einen einteiligen Schutzanzug.*

SCHUTZKLEIDUNG

Um die Gefahr zu verringern, gestochen zu werden, und um Ihre Kleidung sauber zu halten, während Sie den Stock versorgen, ist ein Bienenschutzanzug oder eine Bienenschutzjacke notwendig. Ein Bienenschutzanzug ist einteilig, soll den ganzen Körper bedecken und schützen und erinnert an die Raumanzüge der Astronauten. Der Nachteil dieser Anzüge ist, dass sie sperrig und bei Hitze unbequem zu tragen sind. Eine Bienenschutzjacke schützt den Kopf, den Oberkörper und die Arme und sollte elastische Ärmelbündchen haben. Ihre Beine müssen Sie dann extra schützen, am besten mit einer lose sitzenden dicken Hose, die Sie bequem in Ihre Stiefel stopfen können; in dieser Hinsicht sind Gummistiefel

ideal, aber achten Sie darauf, dass sie oben weit genug für Ihre Hosenbeine sind und ohne Lücke abschließen, wenn diese hineingestopft sind.

Egal, welchen Anzug Sie wählen, nehmen Sie einen Hut mit Schleier (um Ihr Gesicht und Ihren Kopf zu schützen), der mit einem Reißverschluss oder etwas Ähnlichem sicher befestigt werden kann, damit Bienen nicht hineinkommen. Natürlich können Sie mit einem weitkrempigen Hut improvisieren, an dessen Krempe Sie ein feinmaschiges Netz annähen. Dieses muss so lang sein, dass Sie es sicher in den Kragen stopfen können, damit Bienen hier nicht hereinkrabbeln können. Die meisten Markenschutzanzüge sind weiß und haben ein dunkleres Netz als Gesichtsschutz.

Das hat einen Grund: In der Wildnis sind die meisten räuberischen Feinde der Bienen wie Bären, Stinktiere und andere braun oder schwarz. Daher hilft weiße oder helle Kleidung den Bienen, den Imker von den üblichen Nesträubern zu unterscheiden.

Handschuhe sind für den Anfänger unerlässlich, auch wenn sie die Beweglichkeit der Hände verringern und von erfahrenen Imkern irgendwann weggelassen werden. Spezialgeschäfte bieten geeignete Handschuhe an, aber ein Paar starke, eng sitzende Gummihandschuhe sind ein guter Ersatz. Manche Läden verkaufen starke, aber geschmeidige Handschuhe als Arbeitshandschuhe und für Heimwerker, die auch geeignet sein können, doch die eigens für Imker hergestellten Handschuhe mit extra langen Stulpen bieten den größeren Schutz.

▶▶ *Der Kopf sollte zu jeder Zeit gut geschützt sein.*

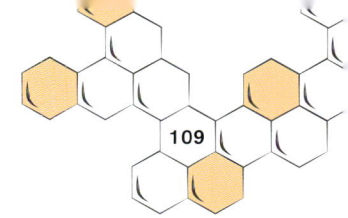
▶▶ *Vor allem Anfänger sollten feste Arbeitshandschuhe tragen.*

SMOKER

Ein wesentlicher Ausrüstungsgegenstand für den Imker ist der Smoker, ein Gerät, das dazu dient, Rauch in das Volk zu pusten, um die Bienen zu beruhigen, sodass der Stock leichter inspiziert werden kann. Seine Form erinnert an einen alten Kaffeetopf, er ist im Wesentlichen eine Metallkanne mit einer Tülle oben und einer Brennkammer unten, in der Brennstoff verbrannt wird (um Rauch zu erzeugen); daran befestigt ist ein einfacher Blasebalg, der den Rauch aus der Tülle bläst. Es gibt eine große Bandbreite hinsichtlich der Qualität und leichter Bedienbarkeit bei Smokern; schauen Sie sich mehrere Typen an, bevor Sie sich für ein Gerät entscheiden. Nehmen Sie eher ein größeres als ein kleineres; es sollte einen Schutz besitzen, damit die heißen Seiten des

▶▶ Oben: Die korrekte Kleidung trägt viel dazu bei, die Imkerei zu einem Vergnügen zu machen, indem sie gut schützt.

▶▶ Unten und gegenüber: Manchmal ist es hilfreich, zu zweit zu arbeiten. Denken Sie daran, dass auch interessierte Zuschauer gut geschützt sein sollten.

Geräts weder Sie noch Ihre Kleidung berühren können. Manche Smoker haben sehr steife Blasebälge, was sie schwergängig macht, also wählen Sie einen, der schön leicht geht.

Im Smoker lassen sich ganz unterschiedliche Brennmittel verbrennen: Fertigbrennstoff bekommen Sie im Imkereibedarf, Sie können aber auch Ihren eigenen verwenden. Zu den im Handel erhältlichen Brennmitteln gehören eingerollter Karton, Baumwollabfälle, Rupfen, Sackleinen und Holzpellets. Sie könnten Sägespäne verwenden, getrocknetes und zerbröseltes Holz (zum Beispiel morsches Holz), Piniennadeln und so weiter. Auch altes Bauholz, klein geschnitten und zerquetscht, können Sie verwenden, aber nehmen

Links und gegenüberliegende Seite: Der Smoker ist ein wesentlicher Bestandteil der Ausstattung eines Imkers; der Rauch beruhigt die Bienen und erleichtert die Inspektion des Stocks ganz erheblich.

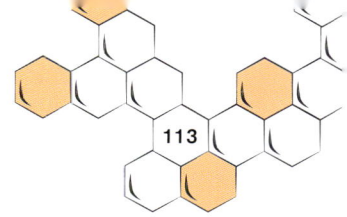

Sie nie etwas, das mit einem Insektizid oder Holz-konservierungsmittel behandelt wurde: Rauch von solchem Holz kann für Bienen und Menschen giftig sein. Lassen Sie daher die Finger von Holz von Terrassen oder Scheunen, denn dieses wurde kommerziell mit schädlichen Chemikalien vorbe-handelt. Verwenden Sie alle Brennmittel stets gemäß den Anweisungen des Smokers und falls Sie nicht ganz sicher sind, probieren Sie das Gerät mit einem erfahrenen Imker oder jeman-dem vom Imkerverein aus. Es versteht sich von selbst, dass kleine Kinder niemals in die Nähe eines rauchenden Smokers kommen sollten.

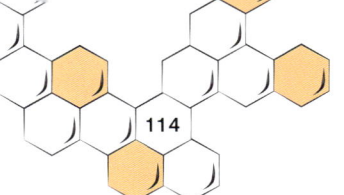

Wie funktioniert nun der Rauch? Die beruhigende Wirkung von Rauch auf Bienen ist seit der Antike bekannt. Einerseits überdeckt Rauch die Pheromone, die das Hauptmittel der Bienen zur Massenkommunikation sind. Wächterinnen oder verletzte Bienen setzen sie frei, um den Stock bei einer möglichen Gefahr zu alarmieren; das Öffnen des Stocks gehört natürlich dazu. Der Abbruch der Kommunikation und damit der Kette zwischen

Befehl und Ausführung gibt dem Imker die Gelegenheit, den Stock zu öffnen, zu prüfen und wieder zu schließen, ohne die Bienen zu sehr zu stören. Außerdem wird der Rauch von den Bienen als Bedrohung wahrgenommen und sie bereiten sich auf das Verlassen des Stockes vor; daher füllen sie ihre Futtersäcke mit dem Futter, das verwendet werden soll, wenn ein Volk sich an einem neuen, sichereren Platz niederlässt, und

▶▶ *Gegenüberliegende Seite und unten: Spezielle Brennmittel für Smoker sind käuflich erhältlich. Sie können aber auch ebensogut eigene verwenden.*

sind erstmal abgelenkt. Darüber hinaus wird eine vollgestopfte Biene kaum stechen; daher hat der Rauch eine weitere Schutzwirkung für den Imker. Den Smoker richtig zu verwenden, ist eine Kunst für sich, und der unerfahrene Anfänger sollte nicht überrascht oder enttäuscht sein, wenn die Technik zunächst nicht so wirkt wie sie sollte. Sie sollten kleine, gezielt eingesetzte Rauchwolken erzeugen und keinen massiven Rauchvorhang.

DER STOCKMEISSEL

Der Stockmeißel ist das Universalgerät des Imkers, er dient zum Heben, Schaben und als Haken. Meist besteht er aus Holz oder hochwertigem Stahl und oft ist er bunt gefärbt, da er offenbar ständig verloren geht. Er dient zum Öffnen des Stocks, zum Herausheben von Waben aus der Beute und der Kratzer an der gebogenen Seite zum Abschaben von Propolis von Teilen des Stocks. Bei so einer Bandbreite an Funktionen würde man ein kompliziertes Werkzeug erwarten, doch davon kann keine Rede sein. Eines der besten Werkzeuge ist 25 cm lang und erinnert an

▶▶ *Die beruhigende Wirkung von Rauch auf Bienen ist seit Jahrhunderten bekannt, und bei richtigem Einsatz ist er eine wirksame Art, sich ihnen sicher zu nähern.*

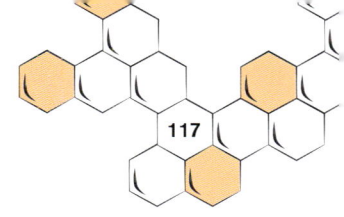

» *Oben und unten: Der Stockmeißel ist ein vielseitig einsetzbares und für den Imker lebenswichtiges Werkzeug.*

einen Eiskratzer für Autoscheiben. Ein Ende ist flach, breit und scharf und dient als Schaber, das andere ist abgerundet, hat kurz vor dem Ende einen Schlitz und dient zum Heben. Wenn man den Stockmeißel zum Trennen der Zargen des Stocks einsetzt, wird das gebogene Ende zwischen benachbarte Rahmenoberträger geklemmt und nach links und rechts gedreht. Das Herausheben wird erleichtert, indem man den gebogenen Teil unter dem zu hebenden Stück ansetzt und dann das andere Ende herunterdrückt. Mit dem Loch im Gerät kann man Nägel entfernen, man kann aber auch eine Schnur hindurchfädeln und den Stockmeißel damit an den Gürtel hängen, sodass er bei Bedarf zur Hand ist.

BEUTE

Die Beute ist natürlich ein beonders wichtiges Teil der Ausrüstung eines Imkers, denn es ist der Ort, an dem die Honigbienen leben und von dem er Honig und andere Bienenerzeugnisse erntet (im Unterschied dazu wird die bewohnte Beute Stock genannt). Auch hier können Anfänger leicht verwirrt werden von der großen Auswahl und könnten sich schließlich von einem attraktiven Aussehen, einem guten Preis oder auch den Slogans eines Anbieters verführen lassen und schließlich einen für ihren Zweck ungeeigneten Beutentyp kaufen. Sie

werden bald merken, dass es ganz verschiedene Typen gibt, neu und gebraucht, von denen einige fertig zusammengebaut, andere als Bausatz geliefert werden, den Sie selbst zusammenbauen müssen. Die „Langstroth-Beute" ist die heute in vielen Ländern allgemein übliche Magazinbeute, in Großbritannien werden weitere Modelle unter Namen wie „WBC", „Commercial" und „National" angeboten. Meist sind Beuten aus Holz oder Kunststoff. Zedernholz ist in gemäßigtem Klima beliebt, da es sehr haltbar, dabei aber leicht ist.

▶▶ *Diese Bienenstöcke wurden zwischen zwei Lavendelfelder gestellt, um die Bestäubung zu fördern, aber auch um einen einzigartigen Honig mit wunderbarem Duft und Aroma zu erzeugen.*

» Der Stock-
meißel sollte
stets zur Hand
sein.

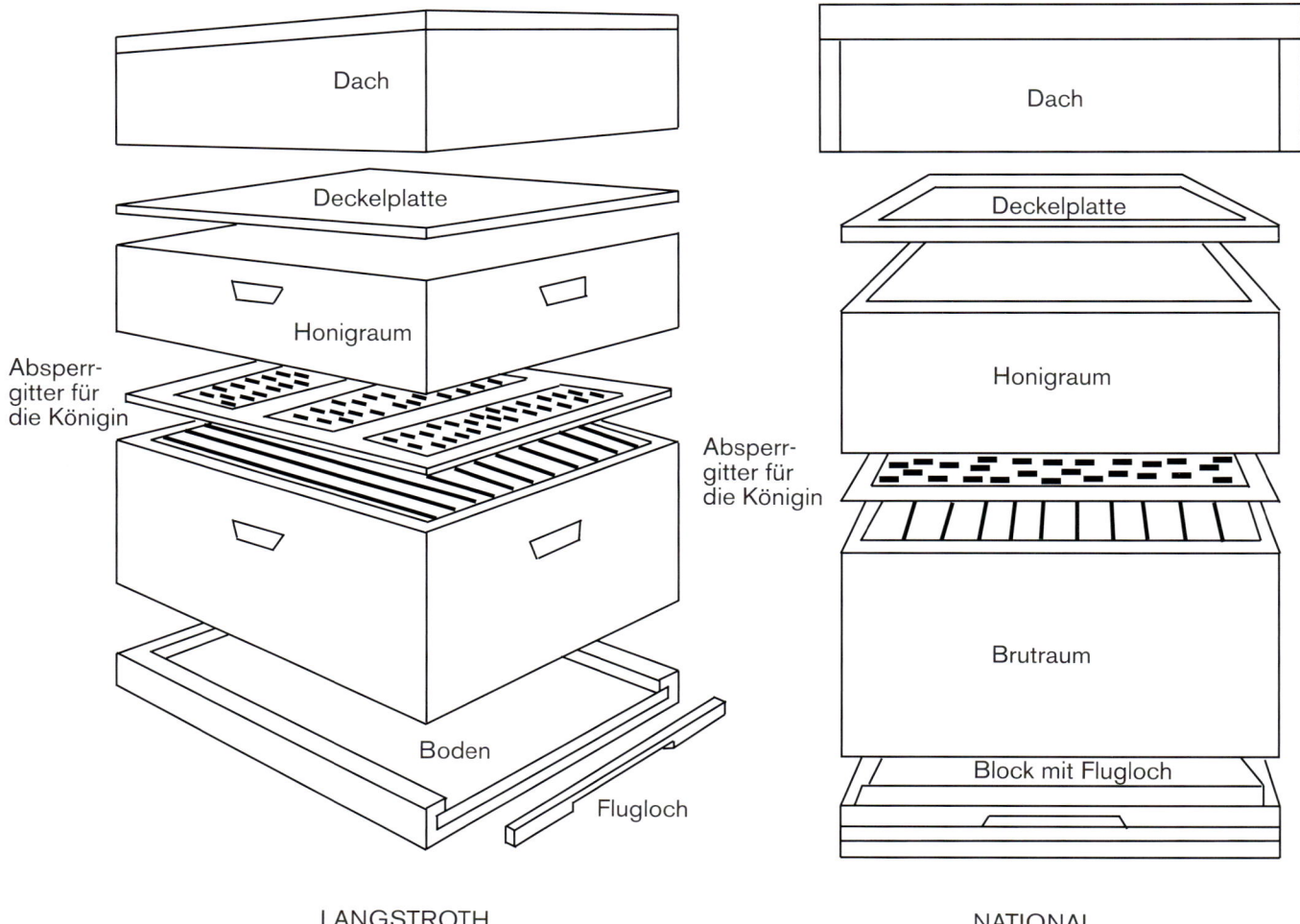

LANGSTROTH   NATIONAL

Gebrauchte Beuten könnten mit Faulbrut infiziert sein, eine Krankheit der Bienen, die das Bakterium *Melissococcus plutonius* auslöst, oder von dem noch aggressiveren *Paenibacillus larvae* (siehe Kapitel 9). Ist die Herkunft einer gebrauchten Beute auch nur im Geringsten unklar, ist es gescheiter, die Finger davon zu lassen.

Beuten bestehen aus mehreren Zargen, von denen jede hängende Rahmen enthält, in denen Bienen ihre Waben bauen. Über den Zargen des Brutraums wird normalerweise eine Art Gitter angebracht, dessen Maschen so groß sind, dass

Arbeiterinnen hindurchkönnen, Königinnen hingegen nicht. Da die Königin zu den Waben oberhalb dieses Gitters keinen Zugang hat, kann sie dort auch keine Eier ablegen; daher dienen diese Waben nur zum Speichern des Honigs. Zargen, die den Honigraum bilden, heißen auch Honigzargen und sind natürlich für den Imker von größtem Interesse. Indem er das Absperrgitter für die Königin verlagert, kann ein Imker entscheiden, wie viele Zargen er dem Brutraum und dem Honigraum zuteilt. Wenn es in der Hochsaison viele Blüten zum Absammeln gibt, entscheiden sich viele Imker dafür, zwei Honigzargen zugleich einzusetzen.

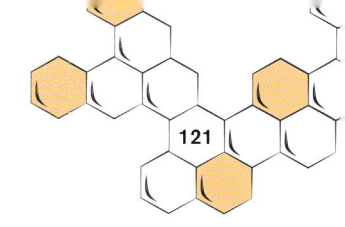

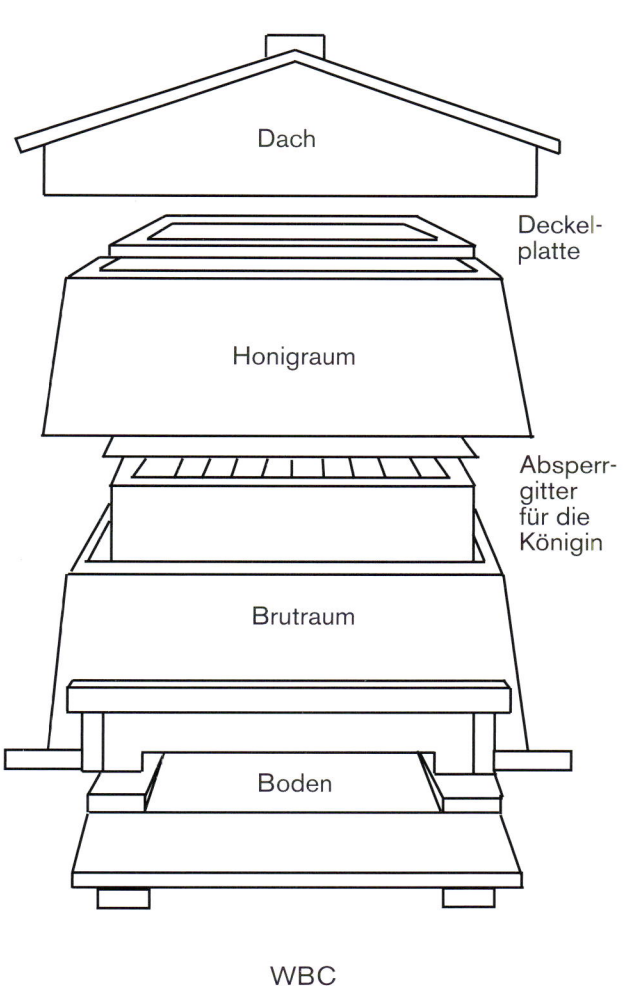

Dach

Deckel-
platte

Honigraum

Absperr-
gitter
für die
Königin

Brutraum

Boden

WBC

▶▶ *Ein bunt bemalter WBC-Stock*

▶▶ *Gegenüber und oben: Beispiele für den Aufbau von Beuten (hier die Marken Langstroth, National und WBC)*

▶▶ *Rähmchen, in die die Waben gebaut werden sollen*

Jedes Rähmchen ist eine vierseitige Struktur, ähnlich wie ein Bilderrahmen. Rähmchen bestehen aus Holz oder Plastik. Darin ist entweder eine mit Bienenwachs überzogene Plastikplatte, in die ein Wabenmuster eingeprägt ist, oder ein Blatt aus Bienenwachs mit Wabenmuster auf einem Drahtrahmen. In beiden Fällen bauen die Bienen ihre Waben auf der Grundplatte. Es ist ratsam, in einer Zarge keine Rahmen zu mischen, die von den Bienen mit Brut- und mit Honigwaben gefüllt worden waren. Auf die oberste Zarge gehört eine Deckelplatte. Diese sorgt für einen Zwischenraum zwischen dem Dach und der Beute selbst, lässt dazwischen die Luft zirkulieren und verhindert bei Hitze, dass die Wärme des Daches direkt an den Stock gelangt. Ohne die Deckelplatte neigen die Bienen außerdem dazu, den Deckel mit Propolis an die oberste Zarge zu

▶▶ *Oben: Ein Imker arbeitet an seinen Langstroth-Stöcken.*

▶▶ *Links: Stöcke der britischen Marke National*

kleben, was dessen Abnahme erschwert. Auch die Deckelplatte muss mit der flachen Klinge des Stockmeißels angehoben werden, doch das ist leichter als unter den Deckel zu hebeln. Um es sich zu ersparen, die Deckelplatte zu lösen, legen einige Imker stattdessen ein Stück Leinwand oder eine feste Plastikplane über die oberste Zarge, die sie zurückrollen können, wenn es nötig ist, die Bienen zu inspizieren.

▶▶ *Frisch gestrichene WBC-Stöcke in einem Landhausgarten*

Ein weiteres Hilfsmittel ist die Bienenflucht. Sie dient dazu, die Bienen aus dem Honigraum zu entfernen, ohne dass sie zurückkehren können. So kann die Honigzarge abgenommen und der Honig daraus entleert werden.

Der Deckel ist eine strapazierfähige Abdeckung auf der obersten Zarge, die den Stock vor schlechtem Wetter schützt. Er besteht meist aus Holz oder Plastik.

Am Boden des Stockes gibt es ein Bodenbrett mit dem Flugloch für die Bienen, durch das sie den Stock betreten und verlassen, und meist ein Brett oder Ähnliches, das als Landeplattform und Warteplatz dient, wo ankommende Bienen von den Wächterinnen inspiziert werden können.

Manche Bodenbretter sind mit Sieben ausgestattet, sodass Abfälle direkt aus dem Stock herausfallen können und die Ventilation im Stock verbessert wird.

Ein begabter und begeisterter Heimwerker kann leicht eine taugliche Beute zimmern, doch er sollte gute, genaue Pläne zur Verfügung haben und nicht nur ein Diagramm aus einem Buch kopieren, denn die generelle Größe der Beute ist zwar relativ unwichtig, aber einige Innenmaße, Abstände und strukturelle Details sind zu beachten, soll die Beute zum ertragreichen Bienenstock werden. Zum Beispiel muss der Abstand oberhalb der Rähmchen so groß sein, dass die Bienen dort herumwandern können, aber nicht so groß, dass sie hier anfangen können, Waben zu bauen.

Lassen Sie sich hinsichtlich der Behandlung der Oberflächen gut beraten, damit Sie nichts Giftiges verwenden, was den Bienen schaden könnte. Im Fachhandel gibt es auch eigens dafür entworfene und sichere Wetterschutzumhänge für Beuten.

Viele Fachleute empfehlen Anfängern, mit einer Beute aus drei oder vier mittelhohen Zargen zu beginnen, doch sobald Sie einige Erfahrungen gesammelt haben und Ihr Volk wächst, können Sie weitere Zargen einfügen.

FÜTTERER

Fütterer sind Geräte, die den Bienen Futter in Form von Zuckerlösung anbieten. Es gibt verschiedene Formen: Futterzargen, die aus Holz oder Plastik bestehen, werden anstelle der Deckelplatte oben auf den Stock gesetzt. Sie fassen etwa neun Liter Zuckersirup und können im Herbst zum Füttern des Volkes eingesetzt werden. Der Aufbau der Futterzarge schützt Bienen davor, in die Zuckerlösung zu gelangen und zu ertrinken.

▶▶ Stöcke in einem Apfelgarten, wo sie für die Bestäubung und damit für die Produktion von Früchten sorgen sollen.

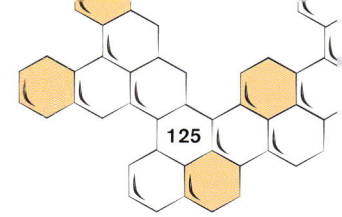

▶▶ *Vor dem Wintereinbruch können Stöcke an einen Platz gestellt werden, wo sie vor kalten Winden geschützt sind.*

Futterzargen können das ganze Jahr an ihrem Platz bleiben. Es gibt auch kleine, eimerartige Fütterer, die über das Loch passen, das manche Deckelplatten haben, und dann werden einige Leerzargen darübergesetzt, um sie abzudecken.

Ein anderer Typ, der Fluglochfütterer, ist so konstruiert, dass ein umgestülptes Sirupgefäß, die Futterglocke, am Flugloch platziert werden kann, sodass die Bienen sich dort ihr Futter holen können. Auch wenn bei diesem System Bienen von anderen Völkern den Sirup stehlen können, ermöglicht Ihnen die Futterglocke, wenn sie transparent ist, zu erkennen, wie viel Sirup entnommen wurde, und Sie können nachfüllen, ohne den Stock jedes Mal öffnen zu müssen. Und schließlich gibt es Futtertaschen, die ein normales Rähmchen ersetzen, das in den Zargen hängt.

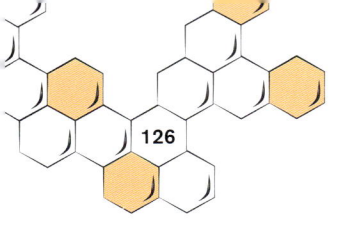

▶▶ *Oben und unten: Die Bienen kommen und gehen, wie sie wollen.*

DIE WEITERE AUSRÜSTUNG

Einige weitere Gegenstände werden Ihnen bei der Imkerei helfen. Das erste ist ein Logbuch, denn gutes Protokollieren ist wichtig und kann sich künftig als wertvoll erweisen. Es kann Sie daran erinnern, wann bestimmte Aufgaben fällig sind oder auf besonderes Bienenverhalten zu achten ist. Sie können notieren, was nicht nach Plan lief und daher nächstes Mal anders gemacht werden sollte. Es ist auch nützlich, Informationen zu den Lieferanten Ihrer Königin und anderer Bienen bei der Hand zu haben, ebenso wie Kontaktdaten anderer Lieferanten, Organisationen, Menschen, die Sie im Notfall kontaktieren können oder bei denen Sie Rat finden. Auch jeder Besuch des Stocks sollte protokolliert werden, gemeinsam mit Umständen wie Witterungsverhältnisse, Temperatur und so weiter.

Gleichzeitig sollten Sie das Verhalten im Stock und die generelle Stimmung des Volkes festhalten (sind die Bienen ruhig oder aufgeregt?), während es nützlich sein kann, die Zahl der Weiselzellen, der anwesenden Drohnen und den generellen Zustand der Waben und des Stockes selbst festzuhalten. Und notieren Sie sich auch, was Sie selbst unternommen haben – einschließlich der Honigmenge, die Sie geerntet haben.

Eine besondere Ausrüstung brauchen Sie zum Sammeln und Aufbewahren von Honig, aber was die Ernte angeht, ist es wieder sinnvoll festzuhalten, wann sie stattfand, wie viel Honig gesammelt wurde und andere relevante Informationen, zum Beispiel den Verkaufspreis. Im Laufe der Zeit werden Sie vielleicht feststellen, dass weitere Werkzeuge nützlich sind, wie zum Beispiel ein Hammer, eine Schnur oder ein paar Zangen. Es lohnt sich, diese gemeinsam in einer kleinen Werkzeugtasche oder -rolle aufzubewahren,

▶▶ Links: Ein offener Stock; Blick auf die Rähmchen

▶▶ Unten: Überprüfung des Brutmusters

sodass Sie sie bei der Hand haben, wenn Sie den Stock betreuen. Dieses Werkzeugset werden Sie möglicherweise immer wieder erweitern oder Ihren Bedürfnissen anpassen.

▶▶ *Oben: Bienenstöcke in der Landschaft. Wenn die Stöcke sich füllen, können oben neue Honigzargen aufgesetzt werden.*

▶▶ *Links: Suche nach Larven in der Wabe*

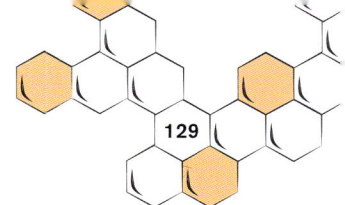

BIENENKAUF

Ebenso wie es Speziallieferanten für Imkereibedarf gibt, gibt es auch Quellen für Bienen.
Und wie bei der Ausstattung gibt es auch gute
und schlechte Bienen; es lohnt sich also sorgfältig auszuwählen. „Schlechte" Bienen können
vom Temperament her schwierig sein, was den
Umgang mit ihnen unangenehmer macht, als er
sein sollte, oder sie können Brutkrankheiten
mitbringen oder einfach uneffizient sammeln,
mit dem Ergebnis, dass die Honigausbeute
darunter leidet.

Ihr erster Anlauf könnte sinnvollerweise zu Ihrem
lokalen Imkerverein führen, der Sie in Kontakt mit
einem Imker Ihrer Gegend bringt, der einige gute
überschüssige Bienen hat; doch holen Sie zuerst
einige Zusicherungen bezüglich der Qualität der
Bienen und nach Möglichkeit Referenzen des
Imkers selbst ein. Ein Volk auf diese Weise zu
bekommen, hat den Vorteil, dass es bereits als

Volk etabliert und lieferbereit ist und das Klima der
Gegend gewöhnt ist. Andererseits bedeutet das,
dass Sie keine Aufwärmphase bekommen, in der
Sie Sicherheit gewinnen können, während das
Volk wächst – Sie haben von Anfang an vollen
Betrieb. Diese Bienen sollten mindestens von
Stöcken stammen, die etwa fünf Kilometer von
dem Platz entfernt stehen, an dem Sie Ihren Stock

▶▶ *Oben:
Fütterer
können
Wasser-
spendern
ähneln.*

▶▶ *Links: Vom
Einsatz des
Smokers bis zu
den gefüllten
Honiggläsern
ist es ein weiter
Weg – für die
Bienen und den
Imker.*

▶▶ *Sobald Sie Ihre Ausstattung beisammen haben, ist es Zeit, sich um Bienen zu kümmern.*

Beim Kauf der Tiere haben Sie mehrere Möglichkeiten: Erstens können Sie ein ganzes Volk kaufen. Es besteht aus etwa zehn Waben und enthält eine befruchtete Königin, Arbeiterinnen und je nach Jahreszeit Drohnen. Das ganze Paket sollte vollständig sein mit Futtervorräten und einer Brut, also Eiern, Larven und Puppen. Wenn Sie so ein Volk zum Beispiel im Mai oder Juni erwerben, sollte es bereits im ersten Jahr Honigüberschüsse produzieren.

Die zweite Methode besteht darin, einen Ableger zu kaufen, also ein kleines Volk aus vier bis sechs Waben, einer befruchteten Königin, einigen Arbeiterinnen und vielleicht ein paar Drohnen. Es enthält auch ein Brutnest und Futtervorräte.

▶▶ *Versuchen Sie nicht, einen Naturschwarm von Bienen selbst einzufangen. Überlassen Sie das den Fachleuten.*

aufstellen wollen; andernfalls könnten die Bienen einfach in ihre ursprüngliche Heimat zurückfliegen, sobald Sie ihren Stock öffnen. Üblicher ist es jedoch, die Tiere entweder von demselben Imkereibedarf, von dem Ihre Ausrüstung stammt, zu beziehen oder von einem anerkannten professionellen Bienenzüchter. Die Bienen aus einer dieser Quellen sind viel wahrscheinlicher gute Bestände und ein reputabler Züchter sollte nichts dagegen haben, seine Bienen vor dem Kauf von einem Fachmann auf Krankheiten untersuchen zu lassen.

Ein Ableger ist viel kleiner als ein vollständiges Volk und für den Anfänger leichter zu handhaben. Sobald er in der Beute angekommen ist, entwickelt er sich zu einem vollständigen Volk und kann vielleicht sogar schon im ersten Jahr eine kleine Menge Honig produzieren.

Die dritte Möglichkeit ist der Kauf eines Kunstschwarms. Das ist eine Kiste, die nur Arbeiterinnen und eine Königin enthält. Sobald Sie sie vom Züchter erhalten, müssen Sie die Bienen in Ihre eigene Beute einlaufen lassen und sie füttern, damit sie einen guten Start bekommen.

▶▶ Oben: Bienen können Sie auch als Kunstschwarm aus Arbeiterinnen mit einer Königin erwerben.

▶▶ Unten: Bienen sollten aus einer verlässlichen Quelle gekauft werden, damit man sicher sein kann, dass sie gesund und sanftmütig sind.

Die vierte Option ist ein Naturschwarm von Bienen, also ein wild lebendes Volk noch ohne Waben. Frühe Schwärme entwickeln sich in der Regel gut, da sie die ganze Blühsaison vor sich haben, aber späte Schwärme brauchen viel Futter, wenn sie den Winter überleben sollen. Schwärme haben den Nachteil, dass sie sich als Gruppe „schlechter" Bienen erweisen können, sofern ihre Herkunft, ihr Gesundheitszustand und ihr (möglichst sanftmütiger) Charakter nicht belegt werden können.

DER ERSTE BIENENSTOCK

Angenommen, die Entscheidung für die Bienenhaltung ist nun gefallen, Sie haben alles über das Thema gelesen, was man von Ihnen erwarten kann, Sie haben einige Bienenhalterkurse besucht und alle nötigen Diskussionen mit der Familie und Ihren Nachbarn geführt. Sie haben vielleicht schon den Platz ausgewählt und haben in die nötige Ausrüstung investiert. Angenommen, es ist Frühling oder Frühsommer: Nun ist es an der Zeit, Ihre ersten Bienen auf eine der beschriebenen Weisen zu erwerben.

▶▶ *Gesunde Bienen erzeugen mit höherer Wahrscheinlichkeit viel Honig. Diese sitzen auf einem Langstroth-Rähmchen.*

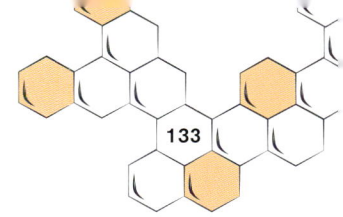

UMSIEDELN DER BIENEN IN DIE BEUTE

Nehmen wir zunächst einmal an, Sie haben einen Ableger gekauft. Der Lieferant kann Ihnen erklären, wie Sie die Bienen und Rahmen in Ihre Beute umsiedeln und was danach als Erstes zu tun ist: Die Bienen müssen gefüttert werden. Fragen Sie beim Lieferanten nach, bevor Sie die Bienen erhalten, damit Sie wissen, was zu tun ist, wenn sie ankommen. Grundsätzlich ist das Vorgehen wie folgt: Wenn der Ableger kommt, stellen Sie ihn auf den Stand, den Sie für den Stock vorbereitet haben, öffnen Sie den Eingang und lassen Sie die Bienen eine oder zwei Stunden lang fliegen. Dann nehmen Sie den Ableger herunter und stellen Ihre Beute auf den Stand. Nehmen Sie den Deckel vom Ableger ab und puffen Sie mit dem Smoker Rauch hinein. Mit Ihrem Stockmeißel lösen Sie die Rahmen voneinander (vielleicht brauchen Sie dabei noch etwas mehr Rauch, damit die Bienen dabei aus dem Weg bleiben). Heben Sie die Rahmen einzeln heraus und setzen Sie sie in die untere Brutzarge Ihrer Beute. Achten Sie dabei darauf, dass die Reihenfolge identisch bleibt. Freie Plätze daneben füllen Sie mit leeren Rahmen. Setzen Sie die Deckelplatte auf die Zarge und platzieren Sie einen Fütterer mit ein bis zwei Litern Zuckersirup über dem Futterloch, bevor Sie den Deckel auf die Beute setzen. Etwa einen Monat später können Sie das Absperrgitter und die erste Honigzarge über dem Brutraum platzieren; bis dahin dürfte das Volk in der Hochsaison gut Fuß gefasst haben.

▶▶ *Das ultimative Ziel: köstlicher goldener Honig*

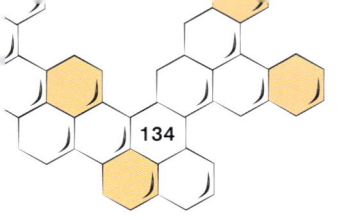

▶▶ *Diese Bienen haben sich gut in ihren Beuten eingelebt und kommen und gehen, wie es ihnen beliebt.*

Falls Sie sich dagegen für einen Kunstschwarm entschieden haben, erhalten Sie etwa 1,5 Kilogramm Bienen und eine Königin, die vielleicht in einem eigenen Königinnenkäfig innerhalb des Schwarms sitzt, umgeben von den Arbeiterinnen. Gehen Sie davon aus, dass am Boden der Kiste einige tote Bienen liegen. Falls es zu viele zu sein scheinen, kontaktieren Sie den Lieferanten. Wenn die Bienen keine Nahrung mehr haben, sprühen Sie eine Zuckerlösung aus einem Drittel Zucker und zwei Dritteln Wasser mit einem Zerstäuber in die Kiste. Die Bienen sollten nur angefeuchtet, aber nicht getränkt werden. Lassen Sie sie nicht länger als nötig in der Transportkiste, sondern

versetzen Sie sie so schnell wie irgend möglich in Ihre Beute, vorausgesetzt allerdings, es ist nicht zu kalt dafür. Der späte Nachmittag oder frühe Abend ist dafür ein guter Zeitpunkt.

Ehe Sie die Bienen umsiedeln, vergewissern Sie sich, dass Ihre gesamte Ausrüstung griffbereit ist, dass Sie Ihre Schutzkleidung tragen und dass der Smoker angezündet ist. Vielleicht brauchen Sie auch eine Zange. Entnehmen Sie erst den Fütterer und dann den Königinnenkäfig aus der Transportkiste. Dazu entfernen Sie alle Befestigungsteile des Fütterers, dann heben Sie die Box an und stoßen sie fest auf den Boden, sodass alle Bienen, die auf dem Fütterer sitzen, abfallen. Dann nehmen Sie den Königinnenkäfig heraus und schütteln oder blasen alle Bienen herunter, die darauf sitzen. Vergewissern Sie sich, dass die Königin lebt und gesund aussieht. Nun kann der Königinnenkäfig in den Stock gesetzt werden, indem Sie ihn zwischen die Rahmen in der untersten Zarge klemmen. Sorgen Sie dafür, dass die Gitterseite nach unten zeigt und dass die Arbeiterinnen mit der Königin in Kontakt kommen können. Innerhalb des Königinnenkäfigs ist ein Abschnitt, der eine Zuckermischung enthält. Meist muss dieser mit einer Nadel oder einem dünnen Nagel geöffnet werden. Setzen Sie nun eine zweite, leere Zarge auf die untere, entfernen Sie einige Rähmchen, um Platz zu schaffen, in den Sie die Bienen abladen können. Um die Bienen aus der Transportkiste zu bekommen, stoßen Sie diese erneut auf den Boden, entfernen den Deckel und schütteln oder gießen die Bienen nach unten in die Beute. Verwenden Sie den Smoker zum Nachhelfen, falls nötig. Mit dieser Methode bekommen Sie zwar nicht jede einzelne Biene heraus, aber wenn die meisten von ihnen draußen sind, stellen Sie die Transportkiste neben den Stock, sodass die restlichen in ihrem eigenen Tempo herauskommen können. Hängen Sie dann vorsichtig die fehlenden Rähmchen wieder in den Brutraum; versuchen Sie dabei, keine Bienen einzuklemmen. Setzen Sie die restlichen Zargen mit Rähmchen ein, darüber die Deckelplatte und das Dach, und befestigen einen Fütterer mit Zuckersirup am Stock.

▶▶ Sie können ein etabliertes Volk kaufen, das sich in Ihre Beute umsiedeln lässt.

ERSTE STOCK-KONTROLLE

Wenn Sie beim Einsetzen den Bienen genug Futter gegeben haben, lassen Sie das Volk etwa drei Tage lang in Ruhe, bevor Sie den Stock kontrollieren. Beim Öffnen des Stockes überprüfen Sie zuerst die Bienen, die die Königin umgeben. Verwenden Sie dabei keinen Rauch, denn Sie wollen die natürliche Reaktion der Bienen beobachten. Sind sie grundsätzlich friedlich und sitzen nur wenige Bienen auf dem Käfig, dann können Sie die Königin jetzt bedenkenlos freilassen.

Doch wenn ihr Käfig noch komplett von Bienen umgeben ist, die sich nicht entfernen lassen wollen, schließen Sie den Stock und warten Sie noch zwei Tage. Wenn es sicher scheint, die Königin herauszunehmen, entfernen Sie den Verschluss der Zuckermischung des Königinnenkäfigs von außen und stellen Sie sicher, dass das Loch nicht verstopft ist, indem Sie mit einer Nadel oder einem kleinen Nagel nachhelfen. Klemmen Sie nun den Königinnenkäfig wieder zwischen die Rähmchen. Nach einigen Tagen werden die Arbeiterinnen so viel von der Zuckermischung gefressen haben,

dass die Königin herauskann. Manche Imker lassen die Königin bei der ersten Inspektion einfach frei in den Stock, doch nur, wenn alles in Ordnung zu sein scheint. Füllen Sie den Fütterer nach und verschließen Sie den Stock. Überzeugen Sie sich einige Tage später, dass die Arbeiterinnen die Königin befreit haben. Wenn nicht, übernehmen Sie das: Öffnen Sie ihren Käfig und lassen Sie sie zu den anderen Stockbewohnern.

WIE GEHT ES WEITER?

Die Königin sollte eine Woche nach ihrer Freilassung mit dem Legen beginnen. Die Eier sind feine weiße Gebilde, die an kleine Sandkörner erinnern, und sie sollten in einigen der Zellen zu sehen sein, die die Arbeiterinnen gebaut haben. Eier vorzufinden ist ein gutes Zeichen dafür, dass alles in Ordnung ist und das Volk sich häuslich einrichtet. Füllen Sie in dieser Phase den Fütterer noch nach, aber lassen Sie ansonsten den Dingen ihren Lauf. Sollten allerdings keine Eier sichtbar sein, auch wenn Sie genau suchen, prüfen Sie zuerst, ob die Königin noch da ist. Wenn sie da ist,

▶▶ Links: Ein Absperrgitter für die Königin

▶▶ Gegenüberliegende Seite: Verwenden Sie nur Farbe, die für die Bienen nicht giftig ist.

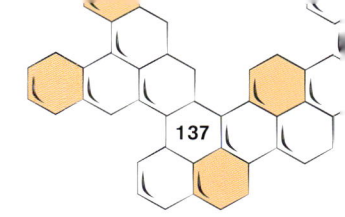

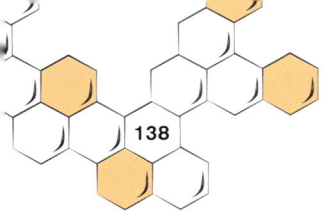

kann es sein, dass sie nicht befruchtet wurde, bevor Sie sie erhalten haben, oder dass sie aus irgendeinem Grund keine Eier legen kann. Ist das der Fall, müssen Sie sie durch eine andere ersetzen.

Wenn sich das Volk entwickelt, das Eierlegen voranschreitet und die Arbeiterinnen auf den Rahmen der vorhandenen Zargen Waben bauen, müssen Sie eine neue Zarge mit Rähmchen aufsetzen, sobald die vorhandenen bebaut werden. Es kann auch nötig sein, einige Rähmchen innerhalb der vorhandenen Zargen auszutauschen, damit sie alle verwendet werden. Verwenden Sie in dieser Phase weiterhin den Fütterer als Zusatznahrung für die Bienen. Stellen Sie sicher, dass Sie stets genug Zargen vorbereitet haben, die Sie verwenden können, wenn die Honigproduktion ernsthaft beginnt. Seien Sie stets darüber informiert, was im Stock hinsichtlich der Brut, Wabenproduktion und Honigerzeugung los ist, und passen Sie die Zahl der Rähmchen an.

Auch äußere Bedingungen sollten Sie in Betracht ziehen: Wie ist das Wetter? Lädt es zu Sammelflügen ein? Stehen in der Nähe viele Blüten zur Verfügung?

KONTROLLE DES ETABLIERTEN BIENENVOLKES

Wenn man einen Bienenstock öffnet, gibt es oft viel zu tun und besonders der Neuling, der mit den Bienen konfrontiert ist, die aufgebracht sind, weil in ihr Zuhause eingebrochen wird, kann leicht vergessen, warum er eigentlich den Stock kontrollieren wollte. Machen Sie sich vor dem Öffnen folgende Fragen bewusst:

▶ Wirkt alles normal? Sind die Bienen recht aktiv? Gibt es Hinweise auf Krankheiten? (Zugegebenermaßen lassen sich solche Fragen nur mit einiger Erfahrung sinnvoll beantworten.)
▶ Hat das Volk genug Futter?

▶▶ Wenn sich die Bienen nach einigen Tagen beruhigt haben, kann die Königin freigelassen werden.

▶ Ist der vorhandene Platz schon voll? Wird eine weitere Zarge benötigt?

▶ Legt die Königin Eier? Gibt es daneben auch ältere Brut?

▶ Sind neue Weiselzellen zu sehen? Wird das Volk demnächst schwärmen?

Als Erstes feuern Sie dann den Smoker an und legen sich alles Nötige zurecht, den Stockmeißel, die Fütterer, Extrazargen oder Rähmchen, die Sie einsetzen wollen. Ziehen Sie Ihre Schutzkleidung an. Beginnen Sie mit einer kleinen Rauchwolke durch das Flugloch des Stockes und warten Sie dann etwa eine Minute. Nun müssen Sie das Dach abnehmen. Heben Sie von der Deckelplatte zuerst eine Ecke an. Wenn das schwer geht, setzen Sie das Ende Ihres Stockmeißels ein; blasen Sie ein wenig Rauch in die Lücke, die Sie erzeugt haben, und heben Sie dann die Deckelplatte vollständig ab.

Nun sehen Sie in die oberste Zarge hinein. Wenn das Volk noch neu ist, kann es erst wenige oder noch keine neuen Waben geben, aber es werden vermutlich einige Bienen vorhanden sein. Heben Sie eine Ecke der Zarge an und blasen Sie etwas Rauch hinein. Nun heben Sie die Zarge vollständig ab und legen sie vorsichtig auf den Boden. Blasen Sie Rauch darüber, damit die Bienen nicht abheben. Wenn es dem Volk gut geht, wird die nächste Zarge, die Sie kontrollieren, vermutlich mehr Aktivität zeigen, besonders Wabenbau in den mittleren Rahmen.

▶▶ *Oben: Wenn Sie Eier entdecken, ist das ein gutes Zeichen dafür, dass sich das Volk eingewöhnt.*

▶▶ *Links: Das Vorhandensein von Bienenlarven zeigt, dass im Stock alles in Ordnung ist.*

▶▶ *Inspektion des neuen Volkes*

Um einen Rahmen genauer anzuschauen, heben Sie ihn vorsichtig aus der Zarge. Am besten ist es, mit den äußeren Rahmen am Rand der Zarge zu beginnen. Blasen Sie ein wenig Rauch über die Zarge. Lösen Sie einen Rahmen, indem Sie mit dem Stockmeißel zwischen zwei Rahmen gehen und ihn vielleicht ein wenig drehen. Heben Sie den Rahmen heraus, halten Sie ihn gerade und achten Sie darauf, nicht aus Versehen Bienen zu verletzen, einzuklemmen oder zu töten. Wenn es auf dem Rahmen keine Wabe gibt, platzieren Sie ihn erst einmal am Flugloch, damit die Bienen wieder in den Stock zurückfinden. Sind im Rahmen frische Waben, suchen Sie diese nach Eiern ab. Halten Sie dazu den Rahmen und seine Wabe über den Stock (falls die Königin darauf sitzt und abfällt). Fällt das Sonnenlicht auf die Zellen, geht das leichter.

▶▶ *Gegenüberliegende Seite: Nehmen Sie Ihren Stockmeißel zur Hand, wenn Sie den Stock kontrollieren.*

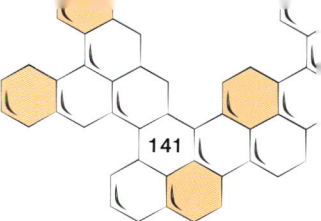

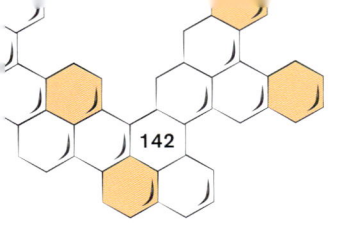

DAS BIENENJAHR

Je nach Jahreszeit gehen die Bienen unterschiedlichen Aktivitäten nach, die sich nach dem geografischen Standort des Stocks unterscheiden
können. Zum Beispiel verhalten sich Bienen, die
in der gemäßigten Zone leben, anders als Bienen
in den Tropen, wo es wärmer ist. Der folgende
Überblick über das Bienenjahr ist also nicht überall anwendbar.

Wenn am Ende des Winters die Tage länger
werden, beginnt die Königin (vermehrt) mit dem
Eierlegen. Die Arbeiterinnen verbrauchen die
Pollen- und Honigvorräte des Stockes, um Futter
für die junge Brut zu erzeugen. Mit Frühlings-
anfang werden die ersten Blüten verfügbar, die
die Futterspeicher des Stockes wieder auffüllen
helfen, und die Brut nimmt rasch zu. Der Zuwachs
der Stockpopulation in dieser Zeit kann durchaus
das Schwarmverhalten auslösen. In gemäßigten
Zonen kommt es von April bis Juni zu Schwärmen.

Im Frühsommer sind Nektar und Pollen in gemäßigten Zonen reichlich vorhanden, während
sie nun in den Tropen wieder abnehmen. Im
Spätsommer kommt es in gemäßigten Zonen zu
einer weiteren Hochblüte der Nektar- und Pollen-
sammelaktivität. Jetzt ist die Phase der stärksten
Honigproduktion.

Anfang November ist die Blüte der meisten
Pflanzen für dieses Jahr vorbei und das Volk
wird ruhiger. Zu Beginn des Winters rücken die
Bienen dicht zusammen, um einander zu wärmen,
bewegen dabei die Flügel, um zusätzliche Wärme
zu erzeugen, und ernähren sich von ihren gespeicherten Futtervorräten. An warmen Wintertagen
verlassen sie mitunter die Wintertraube, um zur
Nahrung in anderen Teilen des Stockes zu gelangen, oder sie unternehmen einen Reinigungsflug.

▶▶ Auch Ihren Smoker benötigen Sie zur Kontrolle.

Dann setzen Sie den Rahmen vorsichtig wieder
an seinen Platz und achten darauf, dabei keine
Bienen zu zerquetschen. Wenn Sie eine Zarge
zurücksetzen, ist es besser, sie an ihren Platz zu
schieben, als sie von oben aufzusetzen. Beim
Schieben gehen die Bienen eher aus dem Weg
und werden weniger leicht zerdrückt. Wenn Sie
fertig sind, setzen Sie die Deckelplatte, den Fütterer (falls Sie einen verwenden) und das Dach
wieder auf. Der ganze Vorgang sollte mit einiger
Übung nicht länger als 15 Minuten dauern.

DAS IMKERJAHR

In jeder Jahreszeit gibt es für den Imker etwas zu tun. Hier folgt eine Zusammenstellung der Pflichten des Imkers nach Monaten, wenngleich das Timing verschiedener Aufgaben und Ereignisse in gewissem Maße von den lokalen Bedingungen bestimmt wird. Ihr Logbuch sollte zu jeder Zeit aktualisiert werden.

DEZEMBER BIS FEBRUAR

▶ Gibt es Schäden durch Spechte, Eichhörnchen oder andere Tiere? Falls ja: Reparieren Sie diese.
▶ Ist das Dach noch dicht?
▶ Ist das Flugloch durch Abfall oder tote Bienen verlegt? Falls ja: freiräumen.
▶ Steht der Stock weiterhin leicht nach vorn geneigt, damit sich auf dem Dach kein Wasser sammeln kann? Legen Sie hinten Keile unter den Stockboden, damit der Winkel stimmt.

▶ Brauchen die Bienen Futter?
▶ Sind alle Werkzeuge in Ordnung?
▶ Besuchen Sie jetzt Fortbildungskurse, Imkertreffen und so weiter.

MÄRZ

▶ Steigern Sie die Futterzugabe.
▶ Ist der Stock in Ordnung? Reparieren Sie, wo nötig.

APRIL

▶ Füttern Sie weiterhin.
▶ Setzen Sie einen sauberen Boden ein.
▶ Setzen Sie eine neue Honigzarge und die Absperrung für die Königin ein.
▶ Behandeln Sie die Bienen gegen die Varroa-Milbe.
▶ Achten Sie auf Anzeichen einer Schwarmaktivität.

MAI

▶ Beginn der regelmäßigen Brutwabenkontrolle. Ersetzen Sie alte Brutwaben – im Laufe eines Jahres müssen Sie etwa ein Drittel ersetzen.

▶ Ist in der Brutkammer genug Nahrung?

▶ Fügen Sie nach Bedarf weitere Zargen hinzu.

▶ Entfernen Sie die Varroa-Behandlung, bevor der Honig zu fließen beginnt.

JUNI

▶ Sind die Brutrahmen in Ordnung? Ersetzen Sie schadhafte.

▶ Achten Sie weiterhin auf alle Vorzeichen des Schwärmens.

▶ Entnehmen Sie alle Rahmen mit gedeckelten Honigwaben und ersetzen Sie sie durch neue und/oder zusätzliche Zargen.

▶▶ *Im Frühling erscheinen die ersten Blüten und bessern die schwindenden Futtervorräte der Bienen wieder auf.*

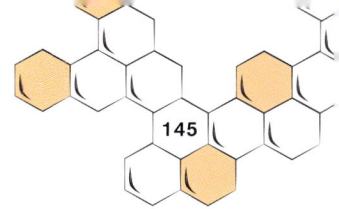
JULI UND AUGUST

▶ Ende der Schwarmzeit.

▶ Entfernen Sie das Absperrgitter für die Königin im August.

▶ Beginnen Sie im August mit der Honigernte.

▶ Verkleinern Sie das Flugloch zum Schutz vor Wespen mit einem Fluglochverkleinerer.

▶ Bringen Sie für 42 Tage Varroa-Streifen an.

SEPTEMBER

▶ Fangen Sie an, das Volk mit einer Zuckerlösung zu füttern, die ein Mittel gegen die Nosemose-Auslöser enthält.

▶ Entfernen Sie die Varroa-Streifen.

▶ Bringen Sie im Flugloch eine Mäusesperre gegen Spitzmäuse an.

▶▶ Gut platzierte und gepflegte Bienenstöcke

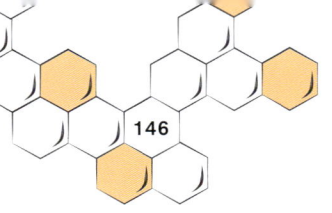

OKTOBER BIS DEZEMBER

▶ Steht der Stock sicher? Kann er von einem Sturm nicht umgeweht werden?

▶ Ist das Flugloch frei von toten Bienen? Die Mäusesperre macht das Flugloch etwas enger.

HONIG UND ANDERE ERZEUG-NISSE DER BIENEN

Man kann Bienen nur aus Freude daran halten, für sie zu sorgen, in ihre Welt einzutauchen und dazu beizutragen, dass die sinkende Zahl der Honig-völker wieder steigt; doch wahrscheinlich wird der Hauptgrund sein, dass man sich eigenen Honig wünscht und vielleicht auch Bienenwachs. Eben-so wie es bewährte Regeln für die Pflege von Bienen gibt, gibt es auch ein korrektes Vorgehen bei der Honigernte. Bedenken Sie: Sie haben mit Lebensmitteln zu tun, die vielleicht zum Teil oder vollständig verkauft werden können. Daher müssen Sie für peinlichste Sauberkeit sorgen und natürlich für die strikte Einhaltung aller Vorschriften in Ihrer Gegend, die den Honigverkauf betreffen.

HONIGERNTE

Zahlreiche Bücher und Websites behandeln das Thema der Honigernte, das Schleudern und das Abfüllen des Honigs in Gläser. Hier folgt ein Überblick über den Ablauf, der die wichtigsten Schritte beschreibt – und die Optionen, die man dabei hat. Die Honiggewinnung ist eine recht klebrige Angelegenheit, für die man einige spezielle Ausrüstungsgegenstände braucht, eine Methode der Temperaturregelung und ein wenig Know-how. Falls Sie beschließen sollten, dass dieser Teil des Imkerdaseins nichts für Sie ist, übernehmen andere Imker diese Aufgabe für Sie.

▶▶ Links und gegenüber-liegende Seite: Honig wird in den Zellen der Honigwaben aufbewahrt.

▶▶ *Der Honig kann geerntet werden, wenn die Bienen die Waben verdeckelt haben.*

Sie werden merken, wenn es Zeit ist, Honig zu ernten: Die Waben im Honigraum sind dann mit Wachs gedeckelt. Zünden Sie Ihren Smoker an, ziehen Sie Ihre Schutzkleidung an und nehmen Sie Ihren Stockmeißel zur Hand. Zuerst müssen Sie alle Bienen aus den Honigzargen herausbekommen, deren Honig Sie ernten wollen. Das geht am besten mit einer Bienenflucht. Das ist ein Brett, das unter die Honigzarge gelegt wird, die Sie entfernen wollen. Es enthält einen Ausgang, durch den die Bienen in den Brutraum gelangen, hindert sie aber an der Rückkehr in den Honigraum. Geben Sie den Bienen 24 Stunden Zeit, den Honigraum zu verlassen.

Manche Imker arbeiten mit einem „Fume-board", einem besonderen Brett mit einem Stoff, der mit einem Repellent wie Benzaldehyd oder Phenylacetaldehyd getränkt ist, von denen das Erste nach Bittermandeln riecht. Diese Chemikalien, die man im Imkereibedarf bekommt, sind nicht giftig für die Bienen, sie mögen den Geruch nur nicht. Wenn ein Fume-board eingesetzt wird, verlassen die Bienen den Wabenraum innerhalb einer Viertelstunde.

Eine weitere Methode ist ein mechanisches Gebläse, mit dem man die Bienen gewaltsam aus den Honigzargen entfernt, die dafür vom Stock heruntergehoben werden. Die Zarge sollte auf

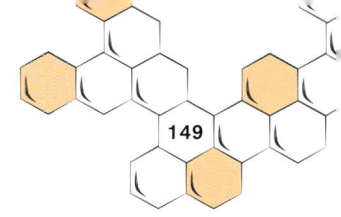
den Stock gelegt werden, und zwar so, dass ihr Boden zur Stockrückseite zeigt, bevor der Luftstrom durch die Rahmen geschickt wird. In jedem Fall ist leichtes Smoken zu Beginn der Evakuierung der Bienen hilfreich.

HONIG GEWINNEN UND ABFÜLLEN

Sobald die Bienen die Honigzarge verlassen haben, können die Rähmchen mit dem Honig herausgenommen werden. Die Honiggewinnung erfolgt in einem sauberen Raum mit sauberen Materialien; und der Honig fließt besser, wenn es warm ist. In vieler Hinsicht ist eine Küche ideal, da sie warm ist und über Strom und Wasser verfügt. Doch leider passt die Honiggewinnung nicht zu jedermanns Vorstellung davon, wie eine Küche genutzt werden soll, und daher muss manchmal eine Waschküche oder eine Garage als Extraktionsraum herhalten, sofern sie nicht auch eine Toilette enthält. Waschen Sie sich gründlich die Hände, verkleben Sie eventuelle Schnittwunden wasserdicht und tragen Sie saubere Schutzkleidung. Machen Sie alles sofort wieder sauber.

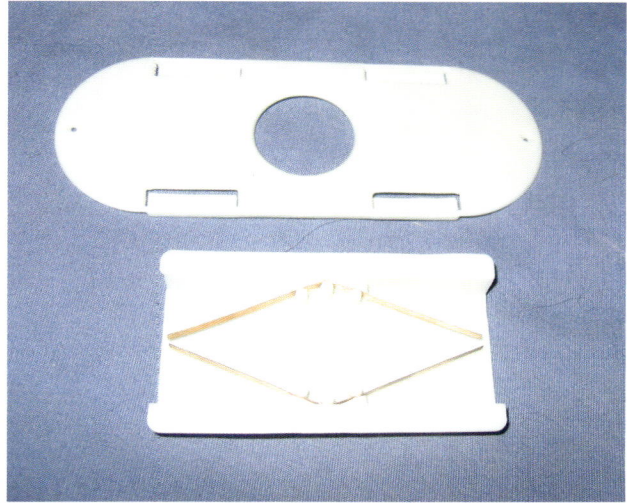

▶▶ Links: Eine zerlegte Bienenflucht. Die Bienen wandern vom Honigraum durch das runde Loch in den trapezförmigen Rahmen, den sie durch die seitlichen Öffnungen zwar in Richtung Brutraum leicht verlassen, aber nicht wieder betreten können.

▶▶ Oben: Das Abblasen der Bienen aus der Honigzarge. Anfänger sollten dabei Handschuhe tragen.

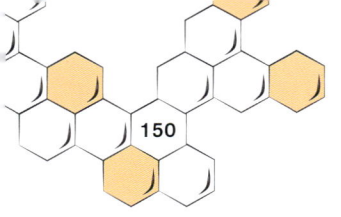

Die Ausstattung muss aus lebensmitteltauglichem Plastik oder Edelstahl bestehen. Nehmen Sie zunächst einen sauberen Eimer und legen Sie etwas Käseleinen so hinein, dass es über die Ränder heraushängt. Legen Sie nun ein Stück Holz (etwa 7,5 x 5 cm dick) über den Eimer; wenn es zwei Kerben in der Unterseite hat, die verhindern, dass es auf dem Eimerrand verrutschen kann, und eine weitere Längskerbe in der Oberseite, die den Rahmen sicher hält, erleichtert das kolossal die Arbeit, die nun folgt.

Legen Sie ein Ende des Rahmens auf das Holzstück und schneiden oder heben Sie die Wachsdeckel von den Zellen, die die Wabe versiegeln, wobei Sie den Rahmen leicht schräg halten, sodass die Wachsdeckel in den Eimer fallen, ohne weiter unten auf der Wabe kleben zu bleiben.

▶▶ *Entdeckeln Sie die Waben mit einem Entdeckelungsmesser oder einem Schnitzeisen.*

Ein eigenes Entdeckelungsmesser (manche werden erhitzt, um die Arbeit zu erleichtern), eine Entdeckelungsgabel oder ein scharfes, starkes Schnitzmesser sind dazu geeignet; die Rahmenkanten dienen beim Schneiden als Führung. Die Deckel fallen also in den Eimer. Der Honig, der mit den Deckeln herausfließt, kann eingesammelt werden, sobald er durch das Tuch gewandert ist. Wenn eine Seite fertig ist, drehen Sie den Rahmen herum und machen dasselbe mit der anderen. Sobald Sie den Ablauf verstanden haben, können Sie sich effizientere Weisen ausdenken, den Honig zu sammeln und abzuseihen. Vielleicht möchten Sie eine Plastikbox mit feinem Filter verwenden, die auf eine zweite Box mit einem Ablasshahn gesetzt wird, durch den der Honig dann ablaufen kann.

▶▶ *Die Honigschleuder nutzt Zentrifugalkraft, um den Honig aus den Waben zu bekommen.*

Die Wabe setzen Sie nun in eine Honigschleuder. Es gibt mehrere Typen, vor allem radiale und tangentiale, je nach der Art, in der die Wabe darin fixiert wird. Beide arbeiten mit Zentrifugalkraft, wie eine Wäscheschleuder. Die besten Schleudern bestehen aus lebensmitteltauglichem Plastik oder aus Edelstahl; andere Materialien sind für Honig, der verkauft werden soll, ungeeignet. Manche Schleudern haben einen Elektromotor, andere werden handbetrieben. Es ist auch möglich, bei Imkervereinen eine gute Schleuder auszuleihen, statt selbst eine zu kaufen. Befolgen Sie stets die Anweisungen des Herstellers, besonders was die Art angeht, wie die Schleuder beladen und nach Gebrauch gereinigt wird.

Der Honig sollte gleich aus der Schleuder fein durchgesiebt werden, was leichter geht, wenn es warm ist; sobald der Honig einmal anfängt zu kristallisieren, muss er erwärmt werden, damit er durch ein Sieb läuft. Der gefilterte Honig wird in einem Eimer gesammelt und dann abgefüllt. Die beste Art, den Honig aus dem Eimer zu bekommen, ist mit einem Zapfhahn, und den können Sie ganz leicht selbst montieren, da Nylonzapfhähne mit den nötigen Unterlegscheiben und Befestigungen leicht zu bekommen sind. Schneiden Sie in Bodennähe ein Loch in die Wand eines Plastikeimers und montieren Sie den Ablasshahn. Wieder werden Sie den Honig erwärmen müssen, damit er leicht aus dem Eimer in Krüge oder Gläser fließt.

▶▶ *Der Honig läuft aus der Zentrifuge durch ein Sieb in den Behälter.*

je nach Größe. Sie dürfen keine Metallteile enthalten. Leeren Sie die Gefäße aus und lassen Sie sie abkühlen. Niedrige, weithalsige Gläser sind empfehlenswert, damit der Honig leichter daraus gegessen werden kann.

Nach dem Abfüllen müssen Sie diese Gefäße sorgfältig verschließen, damit der Honig keine Feuchtigkeit annimmt, was zur Fermentation führen kann; dann etikettieren und datieren Sie die Gläser. Hübsche Etiketten sind im Handel erhältlich und wirken professionell. Wenn Sie nicht gerade Honig in industriellem Umfang erzeugen und Bienen einsetzen, die Sie auf eine bestimmte Blüte beschränkt haben (wie Lindenblüten oder Heidekraut), ist es unwahrscheinlich, dass Sie die Pflanze identifizieren können, von deren Blüten er stammt; im Laufe einer Saison sammeln die Bienen Nektar und Pollen von allen Arten blühender Pflanzen. Das zeigt sich deutlich an der Farbe, die stark variieren kann. Sie spiegelt die Farben und Schattierungen der Pflanzenerzeugnisse wider, von denen der Honig stammt.

Wegen seines hohen Zuckergehalts und seiner natürlichen antibakteriellen und antimykotischen Wirkung gilt Honig als risikoarmes Lebensmittel.

▶▶ *Oben und unten: Nach dem Filtern kann der Honig in sterilisierte Krüge oder Gläser gegossen werden.*

Wenn Sie ein geübter Heimwerker sind, bauen Sie eine Wärmekiste, die einige 40-Watt-Glühbirnen (keine LED!) enthält. Stellen Sie den Honigeimer darauf, bis der Honig die gewünschte Konstistenz hat, ohne ihn zu überhitzen.

Die Gefäße, in denen der Honig aufbewahrt wird, müssen komplett trocken und am besten sterilisiert sein. Füllen Sie die abgewaschenen Gläser oder Krüge mit Wasser und stellen Sie sie für fünf Minuten bei voller Kraft in die Mikrowelle,

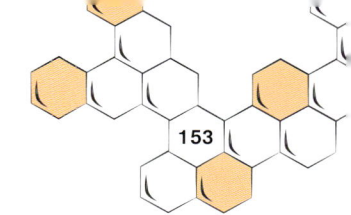

Die oben beschriebene Methode ist vor allem für die Honigerzeugung für den Eigenbedarf gedacht. Manche Imker verkaufen gelegentlich den Überschuss aus ihrer eigenen Erzeugung in kleinen, variablen Mengen, je nach Größe der Ernte. Wer eine größere Zahl von Völkern hat, kann die Imkerei nebenberuflich betreiben und mit dem Honig regelmäßig verschiedene Einzelhandelsgeschäfte beliefern.

Bedenken Sie, dass für Imker, die Honig zum Kauf anbieten, eine ganze Fülle an gesetzlichen Bestimmungen zur Anwendung kommt: In Deutschland sind das die Honigverordnung, das Lebensmittel- und Futtermittelgesetzbuch, die Lebensmittelhygiene-Verordnung, die Verpackungsverordnungen, die Lebensmittel-Kennzeichnungsverordnung, das Eichgesetz, die Los-Kennzeichnungs-Verordnung und die Rückstandshöchstmengenverordnung. Dazu kommen noch die steuerlichen und sozialversicherungsrechtlichen Bestimmungen. Erforderlich ist ferner ein Fachkundenachweis. In Österreich ist die Situation ähnlich. Hier erfahren Sie alles Wichtige bei der für Sie zuständigen Bauernkammer.

▶▶ *Die Farbe des Honigs variiert in Abhängigkeit von den Blüten oder Pflanzen, die an ihm beteiligt waren.*

>> *Die wohltuenden Eigenschaften von Honig sind seit Langem bekannt.*

VERWENDUNG VON HONIG

Dieser Abschnitt mag Ihnen ziemlich überflüssig vorkommen. Honig ist doch zum Essen da, oder nicht? Ja, natürlich ist er das, doch er hat noch viel mehr zu bieten. Schon weiter oben war die Rede vom Wert von Honig als Handelsware, als natürliches Konservierungsmittel und als Basis von Met, dem alten alkoholischen Getränk.

Daneben spielt Honig auch in der Medizin eine große Rolle. Seit mindestens 2700 Jahren verwenden Menschen Honig zum Heilen von allen Arten von Wehwehchen, tragen ihn zum Beispiel auf Wunden auf, um die Infektion zu bekämpfen

und die Heilung zu beschleunigen, auch wenn die antiseptischen und antibakteriellen Eigenschaften des Honigs erst vor relativ kurzer Zeit erforscht wurden. Honig ist heute als Mittel zur Bekämpfung der gefährlichen antibiotikaresistenten Staphylokokken (MRSA) anerkannt und wird auch bei der Behandlung von diabetischen Geschwüren verwendet. Den Antioxidantien im Honig wurde auch die Linderung von Beschwerden bei Kolitis zugeschrieben. Nach einer Mandeloperation wird den Patienten Honig verschrieben, und tatsächlich dient Honig seit Jahrhunderten zur Linderung von Halsschmerzen und schwerem Husten, entweder in flüssiger Form und oft gemischt mit Zitronensaft und Wasser oder in Form von Honigbonbons.

>> *Ein Getränk mit Honig und Zitronensaft wirkt bei Erkältungen wahre Wunder.*

Kochbücher sind voll mit Rezepten mit Honig, es gibt sogar welche, die sich nur dem Kochen mit dieser Zutat widmen. Honig verleiht Süße, Körper, ein einzigartiges Aroma und eine köstliche Glasur, passt hervorragend zu Schwein, Huhn und Ente, aber auch zu Fisch, wie etwa Lachs. Das Fleisch kann mit Honig überzogen werden oder er ist eine der Zutaten in einer Marinade oder Soße für Fleisch oder Gemüse.

Oft gibt man ihn auf Waffeln, ins Müsli, in den Obstsalat oder Joghurt oder streicht ihn auf Brot oder Toast. Abgesehen von seiner Verwendung bei der Herstellung von Met – wovon es viele Varianten gibt – kann Honig auch in vielen anderen Drinks verwendet werden, zum Beispiel in Glühwein.

Ein besonders wirksames Mittel gegen Halsschmerzen, Erkältungen und Grippe erhält man, indem man eine Mischung aus zwei Teelöffeln Honig und dem Saft einer halben Zitrone, aufgegossen mit kochendem Wasser, in kleinen Schlückchen trinkt. Erwachsene finden diesen Drink noch wirksamer, wenn ein kleiner Schuss Whisky dazugegeben wird – vor allem vor dem Schlafengehen!

WEITERE BIENENERZEUGNISSE

Ein weiteres Erzeugnis, das von Bienen gewonnen wird, ist das Gelée Royale. Wie wir gesehen haben, ist das ein Sekret der Hypopharynxdrüsen der Arbeiterinnen, mit dem alle Bienenlarven an

Unten und nächste Seite: Honig und seine Nebenprodukte sind seit Jahrhunderten bewährt.

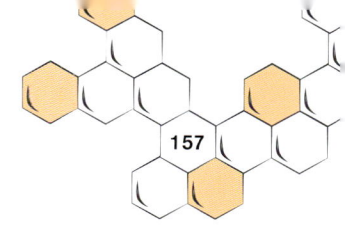
den ersten drei Tagen ihres Lebens und Königinnen ihr ganzes Leben lang gefüttert werden. Kommerziell wird es hergestellt, indem der Imker das Volk dazu bringt, Königinnenlarven zu erzeugen, denen man das Gelée Royale wegnimmt, wenn die Larven nur wenige Tage alt sind. Es ist sinnvoll, das Gelée Royale von den Königinnenlarven zu sammeln, da nur sie einen Vorrat davon erhalten, den man absaugen kann. Bei der Verarbeitung von Gelée Royale werden auch Honig und Bienenwachs hinzugefügt, damit es haltbarer wird.

Gelée Royale wird als Nahrungsergänzungsmittel verkauft und soll mehrere gesundheitsfördernde Wirkungen haben, die vor allem auf seinen hohen Vitamingehalt (besonders B-Komplex) zurückgeführt werden. Es soll auch wertvoll sein, indem es über die Stimulation der Zellen des Stammhirns im Gehirn das Immunsystem anregt, den Cholesterinspiegel senkt, antibiotisch und entzündungshemmend wirkt – Eigenschaften, denen es kaum gerecht werden kann, wenn es eingenommen wird, weil sie dann neutralisiert werden. Auch einige Schönheitspflegeprodukte enthalten Gelée Royale.

Bienenwachs ist ein weiteres Naturprodukt, das von speziellen Hinterleibsdrüsen der Arbeitsbienen ausgeschwitzt wird. Das Wachs dient zum Bauen der Waben, in denen Bienen ihre Brut aufziehen und Pollen und Honig speichern.

▶▶ *Unten: Seit Jahrtausenden verwenden Kerzenzieher Bienenwachs.*

Es ist auch zum Stopfen von Lücken rings um den Stock im Einsatz. Bei der Honigernte werden die Wachsdeckel von den Waben geschnitten. Die Farbe des Wachses variiert je nach den Blüten, von denen sich die Bienen ernährt haben, doch es ist meist gelb mit einer Bandbreite von fast weiß bis zu braun. Das Wachs der Honigwaben wird ausgeschleudert, abgefiltert, gesammelt und dann gereinigt, ehe es einer Reihe von Verwendungen zugeführt wird. Neben den vielen historischen Verwendungen wie der Herstellung von Kerzen, Siegeln und Bronzefiguren dient geklärtes Bienenwachs bis heute zum Kerzenziehen, als Gleitmittel in der Holzverarbeitung und in der Kunsttischlerei, wo es für den leichten Lauf von Schubladen und Fenstern sorgt, und findet sich, gelöst in Terpentin, in hochwertigen Holzpolituren und Schuhcremes.

Bisweilen verwendet man Bienenwachs als Überzug für Käse und in der Kosmetikindustrie, zum Beispiel als Haarpomade, und in der Medizin findet man es in Zahnabdrücken und in Hautschutzcremes, womit die kosmetische und pharmazeutische Industrie für mehr als 50 Prozent des Bienenwachsverbrauchs verantwortlich zeichnet.

Imker können ihr Bienenwachs sammeln und für den Gebrauch in einigen dieser Bereiche reinigen. Es gibt viele Bücher und Websites, die detailliert erklären, was dafür genau zu tun ist.

▶▶ *Honig ist eine der feinsten Erfindungen von Mutter Natur, denn neben seiner historischen Verwendung als natürliches Süßungsmittel findet man ihn auch als Allheilmittel bei unzähligen Krankheiten, da er viele essenzielle und lebensspendende Nährstoffe enthält. Es gibt bis zu 200 verschiedene Substanzen im Honig, darunter Fruktose, Glukose, Vitamine und Mineralstoffe, Eiweiße, Aminosäuren und Enzyme. Honig ist das Erzeugnis einer der effizientesten Fabriken der Welt – des Bienenstocks. Für ein Pfund Honig fliegen Bienen rund 80 000 Kilometer weit und sammeln den Nektar von über zwei Millionen Blüten.*

▶▶ *Gegenüberliegende Seite: Honig war das erste Süßungsmittel, Zucker kam erst viele Jahrhunderte später auf. Daher ist Honig in der Küche ähnlich einsetzbar wie Zucker, während er darüber hinaus viele einzigartige Eigenschaften besitzt. Er ist so süß wie Zucker, aber unendlich geschmackreicher und verleiht gegrillten und marinierten Speisen, Kuchen, Keksen und Obstsalaten das gewisse Extra. Besonders in der orientalischen Küche ist er das süße Element, das mit sauer, bitter, salzig, scharf und würzig gepaart wird. Wenn Sie die flüssige Variante für ein Rezept benötigen und nur kristallisierten Honig im Schrank haben, geben Sie die angegebene Menge in ein geeignetes Gefäß und stellen Sie dieses für etwa 30 Sekunden in die Mikrowelle, dann wird er wieder flüssig.*

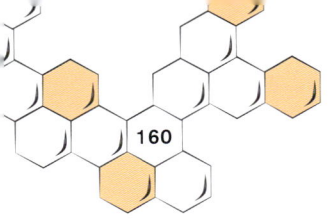

9. KAPITEL

FEINDE DER BIENEN

In der Wildnis müssen Bienen mit allen Arten von Beutetieren zurechtkommen, die sie fressen, bei ihnen schmarotzen oder ihre Nester plündern wollen, um ihren Honig zu stehlen. Gegen manche Angriffe sind Stockbienen in ihren hölzernen Festungen besser geschützt, doch wenn sie auf Beuteflug sind, fallen sie immer noch einer Reihe von bienenfressenden Tieren zum Opfer.

Darüber hinaus sind sie von einer Reihe von Krankheiten und Schädlingen bedroht und von Eindringlingen, die beschlossen haben, dass ein Bienenstock ein wunderbarer Ort zum Wohnen ist. Manche Erkrankungen, die Bienen befallen, sind nur ärgerlich, doch andere können tödlich enden, wenn man sie nicht behandelt. Viele dieser Beschwerden lassen sich jedoch im Zuge einer planmäßigen guten Betreuung reduzieren oder ausrotten. Die meisten Krankheiten und Schädlinge können mit einem geeigneten Therapieplan beseitigt werden, doch manche sind so hartnäckig, dass sie leider nur durch die Zerstörung des Stocks und seiner Bewohner eliminiert werden können. Zu den Dingen, die Bienen zu schaffen machen, gehören Schädlinge und Parasiten, Bakterien-, Pilz- und Viruserkrankungen, aber auch die Folgen von äußeren Faktoren wie plötzlichen extremen Wetterumschwüngen.

VARROAMILBEN

Als Varroamilben bezeichnet man zwei Arten parasitischer Milben, die *Varroa destructor* und *Varroa jacobsoni*, die sich in mehreren Stadien ihres Lebenszyklus von den Körperflüssigkeiten von Bienen ernähren. Erwachsene Milben sind als kleine rote oder braune Flecken auf dem Bienenkörper oder auf den Larven leicht zu erkennen. Die Varroamilben tragen außerdem einen Virus, der Bienen schädigt, und von ihm befallene Bienen zeigen Symptome wie deformierte Flügel und reduzierte Lebenskraft. Varroamilben haben sich langsam über fast die ganze Welt verbreitet und

▶▶ *Varroamilben auf Bienenlarven*

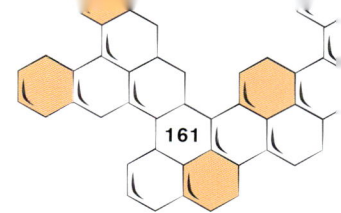

▶▶ *Tote Bienen im oder unter dem Stock sind normal, doch wenn es zu viele sind, sollten Sie dem nachgehen.*

wurden 1967 in Europa zuerst in Bulgarien und 1977 erstmals in Deutschland nachgewiesen. Unbehandelt können sie zum Zusammenbruch ganzer Bienenvölker führen, obwohl manche Bienen gegen sie eine Resistenz entwickeln.

Es gibt mehrere Behandlungen. Chemische Hilfsmittel, korrekt eingesetzt, können Milben in großer Zahl töten, ohne die Aktivität der Bienen übermäßig zu bremsen, doch alles, was Milben tötet, ist eindeutig giftig, und mit der Zeit können sich Reste der aktiven Wirkstoffe im Bienenwachs sammeln und auch die Bienen tangieren. Diese Mittel werden meist auf Streifen appliziert, die zwischen die Rahmen in den Stock gehängt werden, aber gemäß Anleitung nach einer Weile entfernt werden müssen. Eine andere, in den USA beliebte Behandlung ist eine Zucker-Seifen-Mischung, die auf die Bienen gesprüht wird (Sucrocide). Das muss mehrfach wiederholt werden. Sie verstopft angeblich den Atemapparat der Milben, nicht aber der Bienen. Bei uns ist sie nicht anerkannt.

TRACHEENMILBEN

Acarapis woodi ist eine parasitische Milbe, die die Luftwege (Tracheen) der Honigbienen befällt. Anders als die Varroamilbe ist sie mikroskopisch klein und kommt fast überall vor. Meist bringen gekaufte Bienen sie bereits mit, es sei denn, sie werden ausdrücklich als tracheenmilbenresistent beworben. Ausgewachsene weibliche Milben verlassen die Tracheen und warten auf dem Körper der Biene, bis sie auf ein anderes Opfer wechseln können. Dort wandern sie in die Tracheen und beginnen mit der Eiablage. Unbehandelt steigt die Milbenkonzentration im Stock stark an, die Bienen werden geschwächt und die meisten sterben im Winter.

Die Behandlung erfolgt durch sogenannte Fettküchlein. Diese bestehen aus einem Teil Pflanzenöl und drei bis vier Teilen Puderzucker und werden auf die Oberträger des Stocks gelegt. Die Bienen fressen die Mischung und nehmen dabei Spuren des Fetts auf, womit sie den

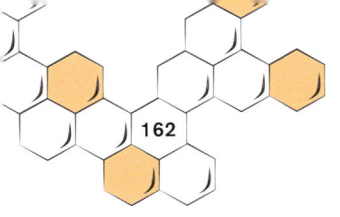

Lebenszyklus der Milben unterbrechen. Von Herbst bis Frühling sollte stets ein Küchlein im Stock liegen, sorgen Sie also für Nachschub, wenn sie aufgefressen sind.

NOSEMA

Dieser sporenbildende Parasit befällt den Verdauungstrakt ausgewachsener Bienen. Er zeigt sich meist, wenn Bienen den Stock nicht verlassen können, um zu koten, etwa in einer Phase langen Winterwetters. Nosema *(Nosema apis)* kann durch eine verbesserte Ventilation im Stock behandelt werden.

KLEINER BEUTENKÄFER

Aethina tumida ist ein kleiner dunkler Käfer, der in Bienenstöcken lebt. Er stammt aus Afrika und verbreitet sich seit den spätern 1990er-Jahren, als ein Exemplar in Florida gefunden wurde, auf der Nordhalbkugel. Erwachsene weibliche Käfer dringen in den Stock ein, legen ihre Eier und nach dem Schlüpfen arbeiten sich die Larven durch den Stock; sie fressen Bienenlarven, Pollen und Honig. Zum Verpuppen verlassen die Larven den

▶▶ *Der kleine Beutenkäfer* (Aethina tumida)

Stock, graben sich eine kleine Erdhöhle und kommen als erwachsene Tiere daraus hervor, befallen den gleichen Stock erneut oder einen anderen. Ein dichter Beutenkäferbefall kann sehr wohl die Bienen vertreiben.

Zur Behandlung gehört das Entfernen aller befallenen Honigzargen aus dem Stock, dazu kommen allerdings Pestizide, die nur den Käfern in abgeschirmten Bodenbrettern und in Bodenbrettfallen zugänglich sind. Manche Imker streuen Kieselgur (Diatomeenerde) rings um den Stock aus, um den Lebenszyklus des Käfers zu unterbrechen. Diese Plage ist noch recht neu und effizientere Bekämpfungsmaßnahmen werden zweifellos bald entwickelt werden.

WACHSMOTTE

Die Wachsmotte oder Große Wachsmotte, *Galleria mellonella,* kann in einem Stock sehr zerstörerisch wirken, doch zum Glück ist ihre Entfernung recht unkompliziert. Zuerst muss eine weibliche Wachsmotte in den Stock gelangen, indem sie an den Wächterbienen vorbeischlüpft. Innen angekommen, legt sie in eine der Brutzargen ihre Eier. Die geschlüpften Wachsmottenlarven oder „Wachslarven" fressen Bienenwachs, Pollen, Honig, Bienenlarven und Puppen. Manchmal werfen die Stockbienen die Eindringlinge hinaus, doch bisweilen gelingt es ihnen auch, im Stock Fuß zu fassen. Die Larven, die sich durch die Waben buddeln, hinterlassen ein Gespinst, in dem sich die Bienen verfangen. Dann verpuppen sie sich in festen Kokons, die sich nur schwer entfernen lassen. Wenn die ausgewachsenen Motten schlüpfen, verlassen sie den Stock, paaren sich draußen und suchen nach weiteren Stöcken zum Befallen. Wachsmotten können auch warm gelagerte Zargen befallen, die gerade nicht in

▶▶ *Eine Wachsmotte*

Verwendung sind. Doch Frost tötet Wachsmotteneier und -larven ab, sodass das Aufbewahren von Zargen an kalter, frischer Luft, aber regengeschützt, eine gute Vorbeugung gegen Wachsmottenbefall darstellt.

Ein gesundes, stressfreies Volk kümmert sich selbst um sein Wachsmottenproblem, indem es die Larven entfernt und das Gespinst wegräumt, das sie hinterlassen. Es gibt außerdem auch chemische Behandlungsmöglichkeiten.

AMERIKANISCHE FAULBRUT (AFB)

Sie wird verursacht von dem Bazillus *Paenibacillus larvae* und ist die häufigste und vernichtendste Brutkrankheit der Honigbienen. Bienenlarven werden in den ersten drei Tagen ihres Lebens infiziert, indem sie Sporen mit ihrer Nahrung aufnehmen; ältere Larven scheinen gegen die Krankheit immun zu sein. Arbeiterinnen versiegeln die Zellen der infizierten Larven ganz normal. Diese sterben, ihr Körper aber kann bis zu 100 Millionen Sporen enthalten. Wenn die Arbeitsbienen die infizierten Zellen reinigen, verteilen sie die tödlichen Sporen im ganzen Volk und kontaminiertes Larvenfutter infiziert weitere Larven.

Ein so geschwächtes Volk kann von räuberischen Bienen anderer Völker besucht werden, die die Krankheit in ihr eigenes Volk tragen. Anzeichen von AFB sind ein Lochmuster in der Brutwabe und farblose, eingesunkene oder löchrige Wachsdeckel. Außerdem kann Schorf zu sehen sein, die eingetrockneten Reste toter Larven in den Zellen. Imker können die Krankheit unabsichtlich übertragen, wenn sie Rähmchen aus infizierten Stöcken in gesunde übertragen. Zum Glück ist die Krankheit selten und rasche Bekämpfungsmaßnahmen sollten eingeleitet werden, sobald man den Befall bemerkt.

Eine chemische Behandlung ist zwar möglich und viele Imker wenden routinemäßig ein vorbeugendes Medikament an, egal ob AFB-Verdacht vorliegt oder nicht. Die Medikamente, darunter das Antibiotikum Terramycin, werden mit Puderzucker im Brutnest ausgebracht. Eines der Probleme dabei ist jedoch, dass die Behandlung beim Ausbruch von AFB so gut wie permanent fortgesetzt werden muss. Viele Imker wählen daher den drastischeren Weg, alles zu verbrennen, was mit dem Ausbruch verbunden wird – Bienen, Stock, und die gesamte Ausrüstung, die damit in Kontakt gekommen ist.

▶▶ *Die amerikanische Faulbrut verbreitet sich über Sporen.*

Alternativ dazu kann man die Rähmchen und Waben verbrennen, aber den Stock von innen ausflammen und dann desinfizieren. Zuvor sollte man aber professionellen Rat bezüglich der besten Vorgehensweise einholen und inzwischen auf peinlichste Sauberkeit beim Umgang mit der Ausrüstung zu achten. Es ist immer gefährlich, gebrauchte Ausrüstungsgegenstände wie Stockmeißel zu verwenden, da Sie nie sicher sein können, ob sie nicht mit AFB-Sporen verseucht sind.

EUROPÄISCHE FAULBRUT (EFB)

Europäische Faulbrut oder Sauerbrut wird vom Bakterium *Melissococcus plutonius* ausgelöst. Sie ist weit weniger tödlich als die amerikanische Faulbrut und gilt als Faktorenkrankheit – mit anderen Worten als Krankheit, die gefährlich wird, wenn das Volk schon aus anderen Gründen geschwächt oder unter Stress ist. Sie befällt sehr junge Larven, Überträger sind Ammenbienen, die die Krankheit bei der Brutpflege unabsichtlich im Stock verbreiten. Die Larve frisst mit den

Bakterien befallenes Futter; diese lassen sich in ihrem Darm nieder, fressen ihr das Futter weg und töten sie. Tote Larven verfärben sich gelblich und liegen in den offenen Brutzellen. Die Brutwabe kann ein zufälliges Muster von Löchern bekommen.

Die europäische Faulbrut wird auf die gleiche Weise behandelt wie die amerikanische. Wenn ein Imker ein Volk gegen AFB behandelt, ist EFB kein Problem. Auch das Vermeiden von Stress im Volk hilft gegen die Krankheit: Sorgen Sie für genug Futter, halten Sie das Volk stark und ersetzen Sie alte Rähmchen, wenn nötig.

KALKBRUT

Eine Pilzkrankheit, verursacht von *Ascophaera apis*. Wenn eine Bienenlarve die Sporen aufnimmt, wächst der Pilz in ihrem Darm und frisst ihr das Futter weg, sodass sie verhungert. Inzwischen umhüllt der Pilz die gesamte Larve und füllt ihre Brutzelle.

▶▶ *Eine gute Ventilation des Bienenstocks ist eine vorbeugende Maßnahme gegen Kalkbrut.*

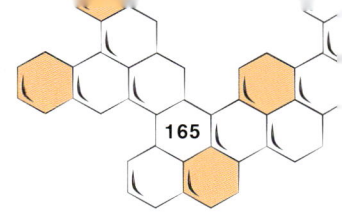
Weiße, mumifizierte Larven sind in den Zellen der Brutwaben zu sehen und auch außerhalb des Stocks, wohin Stockbewohnerinnen sie entsorgt haben. Die erste Maßnahme ist das Tauschen der Königin (gegen eine, die stärker entwickeltes Putzverhalten vererbt) und das Entfernen der befallenen Waben. Es kann sich auch lohnen, ganze Rahmen zu ersetzen, wenn sie befallen sind, oder sie ohnehin alle drei Jahre durch neue zu ersetzen. Feuchtes Wetter im Frühling fördert den Ausbruch von Kalkbrut, daher ist gute Ventilation des Stockes wichtig. Manche empfehlen die Desinfektion mit 80%iger Essigsäure.

STEINBRUT

Die Aspergillusmykose ist eine weitere, seltenere Pilzerkrankung der Honigbiene. Erreger sind Pilze wie *Aspergillus flavus* und *Aspergillus fumigatus*. Infiziert werden Larven wie bei Kalkbrut, doch die infizierten Larven werden schwarz, wenn sie sterben. In einem gesunden Volk können die Arbeiterinnen die infizierten Zellen selbst reinigen.

UNTERKÜHLUNG DER BRUT

Hierbei handelt es sich weniger um eine Krankheit als um einen Zustand, der eine Folge von falscher Behandlung des Stocks ist. Manchmal ist sie auch die Folge eines ungeplanten Kontakts mit Insektiziden oder eines plötzlichen Kälteeinbruchs im Frühjahr während der Metamorphose der Larven. Wenn das passiert, versammelt sich das Volk in der Stockmitte, um warm zu bleiben, und ungedeckte Brut an den Rändern der Brutwabe, die normalerweise von den Arbeitsbienen gewärmt wird, erfriert. Das lässt sich schlecht verhindern. Zum Erhöhen der Temperatur im Stockinneren trägt es bei, wenn man den Stock bei warmem Wetter tagsüber öffnet.

▶▶ *Wenn Sie in Ihrem Hausgarten Bienen halten, helfen Sie der Umwelt und verringern zugleich den Rückgang der Bienenvölker.*

VIREN

Mehrere Viren gelten als Krankheitserreger bei Bienen. Hier werden die bekanntesten aufgelistet, auch wenn sie bisher unvollkommen erforscht sind. Es scheint so zu sein, als seien viele dieser Viren zwar ständig in den Völkern präsent, sie zeigen sich jedoch nur, wenn die Kolonie unter Stress steht oder andere Krankheitserreger darin Fuß gefasst haben.

Dazu gehören das Akute-Bienenparalyse-Virus, das Chronische-Bienenparalyse-Virus, das Sackbrutvirus, das Kaschmir-Bienen-Virus, das Schwarze-Königinnenzellen-Virus und das Flügeldeformationsvirus.

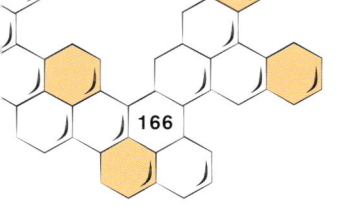

10. KAPITEL

DAS STILLE STERBEN DER BIENEN

Die Spezies der Bienen existierte bereits lange vor den Menschen. Sie gehören zu den ältesten Lebewesen und man vermutet, dass sie schon seit 100 Millionen Jahren auf der Erde leben. Dieser lange Zeitraum lässt auf eine äußerst ausgeprägte Überlebensfähigkeit schließen. Umso erschreckender ist die Tatsache, dass bereits seit einigen Jahren ein globales Bienensterben eingesetzt hat. Dieses Bienensterben betrifft einerseits die Westliche Honigbiene (*Apis melli-fera*) und andererseits die Wildbienenarten, von denen bereits mehr als die Hälfte als gefährdet eingestuft sind. Zwar gab es schon immer Verluste von Bienenvölkern während des Winters, doch sind die heutigen Verlustraten ungleich höher und betreffen inzwischen alle Jahreszeiten.

▶▶ *Rund 80 Prozent der heimischen Pflanzen müssen bestäubt werden.*

Früchte und Samen ausbilden. Einen Teil des Pollens nimmt die Biene mit nach Hause, um ihre Brut mit eiweißreicher Nahrung zu versorgen. Sterben die Bienen aus, müssen die Blüten mühsam von Hand bestäubt werden.

Die Bienen bestäuben aber nicht nur Nutzpflanzen, sondern auch Wildpflanzen. Da deren Früchte und Samen viele Wildtiere ernähren, tragen sie so auch zum Erhalt der Tierwelt bei.

Was sind nun die Ursachen dieses weltweiten Bienensterbens? Wie so oft, führt auch hier das Zusammenspiel verschiedener Faktoren zu einer unheiligen Allianz: Der exzessive Einsatz von Chemikalien in der Landwirtschaft, Krankheitserreger, wie die Varroa-Milbe, und die zunehmende Monokultur sind die wesentlichen Verursacher. Vor allem das über eine lange Zeit hinweg praktizierte Sprühen von Pestiziden, meist in Form von Neonikotinoiden, den weltweit am häufigsten eingesetzten Insektengiften, ist mitverantwortlich für das Bienensterben. Dieses Nervengift ist bereits in kleinen Mengen tödlich für alle Insekten.

▶▶ *Sollten die Bienen aussterben, müssen Blüten mühsam per Hand bestäubt werden.*

So sind beispielsweise in den USA in einem Zeitraum von nur fünf Jahren 30 Prozent der Bienenvölker verschwunden und in China gibt es Regionen, in denen es gar keine Bienen mehr gibt – dort werden die Blüten mittlerweile von Wanderarbeitern per Hand bestäubt.

Neben der Produktion von Honig ist die Bestäubung von Nahrungspflanzen die wichtigste Aufgabe der Biene. Es gibt zwar noch andere Insekten, die ebenfalls zur Bestäubung beitragen, doch die Biene – nach Rind und Schwein das drittwichtigste Nutztier – ist diesbezüglich die Hauptakteurin. Rund 80 Prozent aller heimischen Pflanzen sind davon abhängig, dass sie bestäubt werden.

Diese Bestäubung ist eine Art Tauschhandel zwischen Biene und Pflanze: Die Biene schlürft den Blütennektar und trägt dann den Pollen dieser Pflanze zur nächsten Blüte. Erst durch die so stattfindende Befruchtung können die Pflanzen

▶▶ *Pestizide sind für alle Insekten, auch für die Biene, tödlich.*

Seit kurzem ist der Einsatz von einigen besonders gefährlichen Neonikotinoiden im Freiland in der Europäischen Union verboten. In Deutschland gelten außerdem besonders strenge Vorschriften für Pflanzenschutzmittel: Auch der Handel und die Aussaat von Getreidesaat, die mit Neonikotinoiden behandelt wurde, ist hier verboten. Es gibt aber noch viele andere Chemikalien, wie zum Beispiel Herbizide, die immer noch in der Landwirtschaft eingesetzt werden und deren Wirkung auf die Bienenbestände äußerst umstritten ist.

Wie bereits in Kapitel 9 (Feinde der Bienen) dargelegt, machen auch viele Krankheitserreger den Bienen zu schaffen, wie zum Beispiel die Varroa-Milbe oder die Bienenseuche Faulbrut, die aus Amerika eingeschleppt wurde. Weitere wichtige Ursachen für das Sterben der Bienen sind die zunehmende Urbanisierung und die allein auf wirtschaftliche Effizienz ausgerichtete Monokultur. Sowohl die dichte städtische Bebauung als auch der einseitige Anbau von Pflanzen verhindern, dass die Bienen ausreichende Nahrung finden. Durch Pollen und Nektar von vielen verschiedenen Pflanzen stärken die Bienen ihre Abwehrkräfte. Finden sie nur noch einseitige Nahrung,

▶▶ *Durch den Kauf von Imkerhonig aus der Region können wir zum Erhalt der Bienen beitragen.*

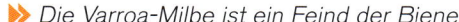

▶▶ *Die Varroa-Milbe ist ein Feind der Biene.*

so werden sie schwach und anfällig für Krankheiten und Parasiten. Darin unterscheiden sie sich letztlich nicht vom Menschen, der zur Stärkung seines Immunsystems ebenfalls auf vielfältige Nährstoffzufuhr angewiesen ist. Dazu kommt, dass viele Wildbienen auf bestimmte Pflanzenarten spezialisiert sind: Sie sammeln Pollen von nur einer Gattung oder Art, der sogenannten Trachtpflanze. Stirbt ihre Trachtpflanze aus, findet die Biene keine Nahrung und verschwindet ebenfalls.

Zudem ist die Anzahl der Imker in den letzten Jahrzehnten stetig gesunken und es mangelt an Nachwuchs. Das Durchschnittsalter der Imker in Deutschland liegt bei 59 Jahren. Allerdings gibt es seit kurzem einen Gegentrend: Vor allem in den Großstädten haben viele, vor allem junge Leute ihre Liebe zur Biene entdeckt. So gibt es

▶▶ *Bienenhotels können fertig gekauft oder einfach selbst gebaut werden.*

zum Beispiel in Berlin ca. 3000 Bienenvölker, die von ca. 500 Hobby-Imkern betreut werden. Da diese jeweils nur ein bis zwei Bienenstöcke unterhalten, sind die Auswirkungen auf die Anzahl der Völker landesweit gering. Doch es zeigt, dass das Interesse an Bienen und deren Erhalt gestiegen ist.

Glücklicherweise ist es noch nicht zu spät, um dem Bienensterben Einhalt zu gebieten. Es gibt eine ganze Reihe von einfachen, aber wirkungsvollen Maßnahmen, mit denen wir zum Erhalt dieser wichtigen Art beitragen können – falls Sie nicht sowieso schon unter die Hobby-Imker gegangen sind oder sich durch die Lektüre dieses Buches inspiriert fühlen.

Wenn Sie gerne Honig essen, dann greifen Sie doch beim nächsten Einkauf zu heimischen Produkten. Diese haben gleich mehrere Vorteile: Der Imker wird unterstützt – ein nicht zu unterschätzender Punkt, denn ohne Imker gibt es keine Honigbienenhaltung. Außerdem vermeidet man dadurch lange und umweltschädliche Transportwege. Auch sollten Sie auf Bio-Ware zurückgreifen, die ohne den Einsatz von Umweltgiften produziert wurde. Wenn Sie dann vor der Entsorgung die Honiggläser noch gut in der Spülmaschine reinigen, können Sie sicher sein, dass auch eventuelle Reste von Krankheitserregern entfernt wurden und sich nicht weiter verbreiten können.

BIENENHOTEL ZUM SELBERBAUEN

Wildbienen sind besonders stark gefährdet, denn neben dem Mangel an geeigneten Trachtpflanzen finden sie in den heute üblichen, aufgeräumten Gärten keine passenden Nistmöglichkeiten. Dabei ist es ganz einfach, ihnen eine Behausung zu bieten. Bienenhotels kann man in den verschiedensten Variationen fertig kaufen oder ohne großen Aufwand selbst bauen. Dafür eignen sich besonders folgende Materialien:

▶ Holzklötze, in die man 5 bis 10 cm lange Gänge mit einem Durchmesser von maximal 10 mm bohrt. Das Holz darf nicht komplett durchbohrt werden, sondern soll am Ende verschlossen bleiben. Achten Sie darauf, dass das Holz am Eingang nicht splittert und verwenden Sie kein Nadelholz, sondern Laubholz, wie beispielsweise Erle, Esche oder Buche, da sich bei Nadelholz die Holzfasern wieder aufstellen und die Flügel der Biene verletzen. Man kann auch alte Holzstämme oder Baumstümpfe durchbohren und als Nisthilfe nutzen.

▶▶ *Die Wahl des richtigen Holzes ist wichtig, damit sich die Bienen nicht verletzen.*

▶ In ca. 10 cm lange Stücke geschnittene Bambusrohre (Achtung: keine scharfen Kanten!) oder hohle Stängel von Pflanzen (von großen Stauden, Schilfhalme, Holunderäste) zusammenbinden oder in Dosen stecken. Sie können die Stängel mit einer Stricknadel durchstoßen, sollten aber auch einige mit dem Mark verwenden, da manche Bienenarten diese sehr schätzen.

▶▶ *Bienen mögen das Mark von Pflanzenstängeln.*

▶ Totholz, Lochziegelsteine (Achtung: Die Löcher dürfen nicht zu groß sein und der Stein darf hinten nicht offen sein!) oder andere geeigneten Materialien. Auch eine Kiste mit getrockneter Erde oder Lehm, die nach dem Trocknen aufgebohrt und senkrecht gestellt wird, kann als Nisthilfe dienen.

▶ Sie können alle genannten Materialien zusammen in einer Kiste oder in einem Kasten anordnen und zum Schutz vor

▶▶ *Auch in getrocknetem Lehm nisten Bienen gerne.*

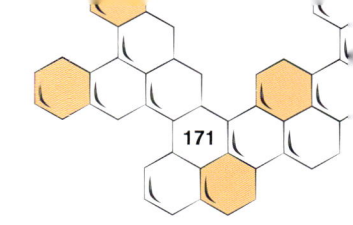

▶▶ *Das ideale Bienenhotel enthält eine Kombination mehrerer Materialien.*

Vögeln noch Draht davor spannen. Platzieren Sie dann Ihr Bienenhotel an einer sonnigen, aber vor Regen geschützten Stelle.

▶ Viele Wildbienen sind sogenannte Bodennister und benötigen naturbelassenen Boden. Hier hilft es, an einer Stelle im Garten einfach lockeren Sand aufzuhäufen.

▶ Auch Hummeln sind wichtige Bestäuber, deren Bedeutung häufig unterschätzt wird. Ihnen kann man im zeitigen Frühjahr eine Nisthilfe bauen: Platzieren Sie einen umgedrehten Tontopf an einer regengeschützten Stelle. Optimal ist der Standort in einer Trockenmauer. Füllen Sie ihn mit Nistmaterial (z. B. Kleintierstreu), damit die Hummel ihn annimmt.

▶▶ *Wildbienen nisten auch gerne in Sand.*

▶▶ *Umgedrehte Tontöpfe als Nisthilfe für Hummeln*

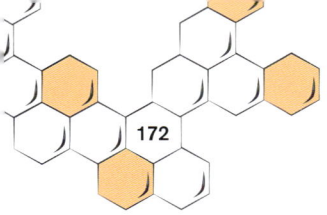

11. KAPITEL

DER BIENENFREUNDLICHE GARTEN

Die zunehmende landwirtschaftliche Monokultur und die allzu ordentliche, artenarme Gestaltung von Gärten haben unter anderem dazu geführt, dass die Bestände vor allem von Wildbienen stark zurückgegangen sind. Im Frühling und während der Obstblüte ist das Nahrungsangebot für Bienen noch recht gut, doch im Sommer nimmt es stetig ab. Auf eintönigen Rasenflächen finden die Bienen keine Nahrung.

Der Rückgang zahlreicher Wildpflanzen führt so auch zum Verschwinden anderer Arten, wie z. B. der Bienen. Wie wichtig es ist, die Artenvielfalt zu erhalten, zeigt das „Verarmungsmodell" des Ökologen Edward Wilson: Er zeigt anhand eines Satzes, bei dem schrittweise immer mehr Buchstaben entfernt werden, wie dessen Funktion und Bedeutung verloren gehen. Analog stehen die Buchstaben für die Arten unseres Ökosystems: Je mehr Arten verschwinden, umso weniger kann es seine Funktion noch erfüllen.

>> *Ein Ziergarten wie dieser bietet Bienen nur sehr wenige Nahrungsquellen.*

▶▶ *Vor allem Wildblumenwiesen schaffen eine bienenfreundliche Umgebung.*

Um dem Arten- und Bienensterben entgegenzuwirken, können Garten- und sogar Balkonbesitzer einiges tun. Die folgenden Maßnahmen sind problemlos umzusetzen und tragen zu einer bienenfreundlichen Gartengestaltung bei. Und hat man sich erst einmal von dem Gedanken, der Garten müsse „aufgeräumt" sein, verabschiedet, fällt es vielen Gartenbesitzern auch leichter, die Schönheit einer naturnahen Gestaltung zu erkennen.

▶ Als Erstes sollten Sie auf den Einsatz von Chemikalien verzichten. Auch Mittel zur Schädlings- und Unkrautbekämpfung, die mit dem Zusatz „bienenfreundlich" versehen sind, haben meist negative Auswirkungen.

▶ Legen Sie statt Rasen eine Wildblumenwiese an. Im Handel finden Sie Samenmischungen, die spezielle, bienenfreundliche Blumen enthalten.

▶ Pflanzen Sie vorrangig einfach blühende Pflanzen, denn diese liefern den Bienen Nahrung in Form von Pollen und Nektar. Gefüllt blühende Pflanzen enthalten weniger Bienennahrung und der Nektarvorrat im Inneren der Blüte ist schwer bis gar nicht zugänglich für die Bienen.

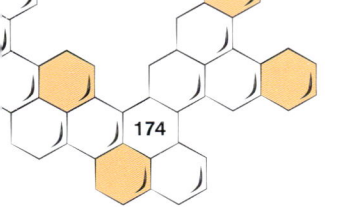

▶ Bienen fliegen bei 10 Grad Celsius aus, aber Hummeln bereits bei 2 Grad Celsius. Damit sie so zeitig im Jahr Nahrung finden, sind Frühblüher wichtig, wie z. B. Blaustern oder Krokus.

▶ Sorgen Sie für Nahrungsquellen nach April bis Mai, wenn die Obstbaumblüten nicht mehr zur Verfügung stehen. Wählen Sie dazu Sorten mit langen Blütezeiten und pflanzen Sie Stauden, Rosen und Gehölze (keine Nadelgehölze).

▶▶ *Rechts: Obwohl der Frühblüher Blaustern heißt, gibt es ihn auch mit violetten, weißen oder rosafarbenen Blüten.*

▶▶ *Unten: Die Kräuterspirale kann dank ihres Aufbaus Pflanzen aus verschiedenen Klimazonen beinhalten.*

Eine flache Wasserschale – die ideale Tränke für Bienen.

▶ Kräuter, wie Lavendel oder Oregano, sind nicht nur eine aromatische Küchenzutat, sondern auch eine gute Nahrungsquelle für Bienen. Sie können sie z. B. in einer Kräuterspirale anpflanzen oder auch in Kübeln und Balkonkästen.

▶ Schaffen Sie den geeigneten Lebensraum für Bienen: Trockene Verstecke, wie abgestorbene Äste und Bäume, Hecken oder Steingärten eignen sich dafür besonders gut und sind außerdem ideale Elemente für eine abwechslungsreiche Gartengestaltung.

▶ Auch Bienen benötigen regelmäßig Wasser: Bieten Sie es ihnen in möglichst flachen Schalen an und denken Sie daran, es von Zeit zu Zeit aufzufrischen.

BLÜTENPORTRÄTS

Auf den folgenden Seiten finden Sie eine große Auswahl an bienenfreundlichen Pflanzen mit hilfreichen Hinweisen zur Pflanzung und zur Pflege. Die Erklärung der Symbole können Sie der untenstehenden Tabelle entnehmen.

ERKLÄRUNG DER SYMBOLE BEI DEN BLÜTENPORTRÄTS

	Bienenfreundlichkeit	Pollengehalt	Nektarmenge
sehr hoch			
hoch			
mittel			
niedrig			

AKELEI *Aquilegia vulgaris*

Die nickenden Blüten der Staude aus der Familie der Hahnenfußgewächse *(Ranunculaceae)* sind besonders bei Hummeln beliebt. Im Volksmund ist die Akelei auch unter dem Namen Frauenhandschuh oder Venuswagen bekannt, Letzteres wegen ihrer aphrodisierenden Wirkung. Von einer Verwendung der Pflanze ist dringend abzuraten, da sie sehr giftig ist! Die Akelei sät sich sehr leicht selbst aus und ihre filigranen Blüten sind eine Zierde für jeden naturnahen Garten.

▶ STANDORT

In der freien Natur findet man die Akelei vor allem in Buchenwäldern und Gebüschen. Im Garten bevorzugt sie einen halbschattigen, mäßig warmen Standort mit durchlässigem, sandigem Boden.

▶ PFLANZUNG UND PFLEGE

Die Akelei eignet sich besonders gut zur Bepflanzung von Beeten oder Gehölz- und Heckenrändern. Sie ist sehr pflegeleicht und muss lediglich während der Blütezeit gegossen werden. Verwelkte Blüten kann man zurückschneiden.

STECKBRIEF

Blütezeit:	Mai–Juni
Blütenfarbe:	blau, weiß, rosa
Höhe:	30–90 cm
Wuchs:	aufrecht

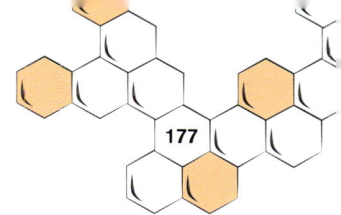

APFEL *Malus domestica*

Der Kulturapfel aus der Familie der Rosenge-wächse *(Rosaceae)* ist die weltweit am häufigsten angebaute Obstsorte und eine hervorragende Nahrungsquelle für Bienen. Da er selbststeril ist, braucht er andere pollenspendende Apfelbäume und ist darauf angewiesen, von Bienen bestäubt zu werden, um Früchte auszubilden zu können. Während der Apfelblüte besteht für Bienen des-halb auch kein Nahrungsmangel, zumindest in Obstanbauregionen. Da die Apfelblüte recht groß ist, wird sie auch gerne von Hummeln besucht.

▶ STANDORT

Apfelbäume gedeihen am besten auf tiefgründigen, nährstoffreichen Böden in sonnigen Lagen bis 1000 m Höhe. In Europa findet man ihn in Haus-gärten, auf Streuobstwiesen und in Obstplantagen.

▶ PFLANZUNG UND PFLEGE

Apfelbäume sind ab dem Herbst in Baumschulen erhältlich und können im Garten von Oktober bis März gepflanzt werden. Damit der Baum gesund und ertragreich bleibt, sollte er regelmäßig ge-schnitten werden.

— STECKBRIEF —

Blütezeit:	April–Mai
Blütenfarbe:	weiß, rosa
Höhe:	bis 15 m
Wuchs:	Baum, Hochstamm, Strauch

ASTER *Aster spec.*

Einfach blühende Astern, wie z. B. die Glattblatt-Aster *(Aster novi-belgii)*, gehören zu den winterharten und bienenfreundlichen Stauden. Aufgrund der späten Blühzeit bieten sie Bienen und Hummeln reichlich Nahrung in einer Zeit, in der das Angebot eher knapp ist. Astern entstammen der Familie der Korbblütler *(Asteraceae)* und sind in mehr als 150 Arten in ganz Europa und Asien verbreitet.

▶ STANDORT

Die Aster braucht zwar viel Sonne, mag aber keine Hitze. Sie gedeiht besonders gut auf durchlässigem, nährstoffreichem Gartenboden. Auch in Kübeln auf Balkon oder Terrasse entfaltet sie ihre farbige Blütenpracht.

▶ PFLANZUNG UND PFLEGE

Bei der Pflanzung im Garten kann man mit Arten in verschiedener Wuchshöhe einen besonders schönen Effekt erzielen. Alle drei Jahre empfiehlt es sich, die Astern zu teilen, damit sie kräftig nachwachsen und nicht in der Mitte kahl werden.

——— STECKBRIEF ———

Blütezeit:	August–Oktober
Blütenfarbe:	blau, lila, rosa, weiß
Höhe:	80–160 cm
Wuchs:	buschig

BARTBLUME *Caryopteris x clandonensis*

Diese Zierpflanze aus der Familie der Lippenblütler *(Lamiaceae)* wird auch „Blaubart" genannt. Sie verfügt über aromatisch duftende Blätter, die Läuse fern halten, aber Bienen und Hummeln anziehen. Diese finden hier auch im Spätherbst noch Nahrung. Mit der an Lavendel erinnernden Pflanze holt man sich also nicht nur eine spätherbstliche Schönheit, die bis zum ersten Frost blüht, in den Garten, sondern tut auch den Bienen etwas Gutes.

▶ STANDORT

Auf fruchtbaren, durchlässigen Böden, vor allem in Staudenbeeten und Steingärten, gedeiht die Bartblume besonders gut. Sie mag die Wärme und sollte einen sonnigen Standort erhalten, vielleicht sogar vor einer schützenden Mauer.

▶ PFLANZUNG UND PFLEGE

In Kombination mit Gräsern oder Rosen macht sich die Bartblume besonders gut. Auch in Kübeln auf Terrasse oder Balkon ist sie gut aufgehoben. Da sich ihre Blüten am einjährigen Holz bilden, sollte man sie im Frühjahr um ein Drittel zurückschneiden.

--- **STECKBRIEF** ---

Blütezeit:	August–Oktober
Blütenfarbe:	blau
Höhe:	50–100 cm
Wuchs:	aufrecht, buschig

BECHERPFLANZE *Silphium perfoliatum*

Die mehrjährige Becher- oder Kompasspflanze gehört zur Familie der Korbblütler *(Asteraceae)*. Sie gilt als besonders effiziente Nutzpflanze und wird zur Biomasseproduktion genutzt. Daneben ist sie aber auch eine gute Nahrungsquelle für Bienen im Spätsommer bis in den Herbst hinein. Neben ihrer Nützlichkeit ist sie auch ein besonderer Blickfang im Garten und wird wegen ihrer außergewöhnlichen Höhe auch gerne als Sichtschutz gepflanzt.

▶ STANDORT

Die Becherpflanze liebt einen sonnigen Platz auf nährstoffreichem Boden, der feucht und durchlässig sein sollte. Da sie eine imposante Höhe erreicht, empfiehlt es sich, sie im Beethintergrund zu pflanzen. Auch braucht sie Platz, um sich auszubreiten.

▶ PFLANZUNG UND PFLEGE

Als Gartenpflanze ist die Becherpflanze perfekt als Sichtschutz geeignet. Sie ist langlebig, sehr pflegeleicht und kommt längere Zeit ohne zusätzliches Gießen aus. Nach der Blüte, im Spätherbst, sollte man sie zurückschneiden.

─── STECKBRIEF ───

Blütezeit:	August–September
Blütenfarbe:	gelb
Höhe:	150–250 cm
Wuchs:	aufrecht

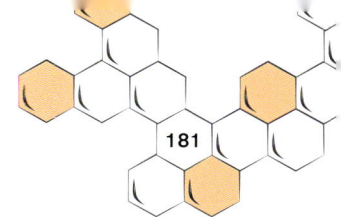
BERG-AHORN *Acer pseudoplatanus*

Der in Mitteleuropa heimische Berg-Ahorn gehört zur Familie der Seifenbaumgewächse *(Sapindaceae)*. Vor allem alleinstehend kann sich der Tiefwurzler zu einem beeindruckenden Baum entwickeln und ein Alter von mehr als 500 Jahren erreichen. Im Frühjahr sind seine vielblütigen, hängenden Rispen eine hervorragende Nektarquelle für Honigbienen. Ahorn-Honig ist meist von besonders guter Qualität.

▶ STANDORT

Der Berg-Ahorn findet sich in Mischwäldern und als Park- oder Straßenbaum, ist aber auch für einen großen Garten geeignet. Der recht anspruchslose Baum bevorzugt einen sonnigen bis halbschattigen Standort, wobei er mit zunehmendem Alter mehr Sonne benötigt.

▶ PFLANZUNG UND PFLEGE

Bei einer Pflanzung im Garten sollte genug Platz vorhanden sein, damit sich der Berg-Ahorn wohlfühlt. Anfangs benötigt er regelmäßige Wassergaben, als ausgewachsener Baum nur noch bei extrem trockenen Wetterlagen.

── STECKBRIEF ──

Blütezeit:	April–Mai
Blütenfarbe:	gelblich-grün
Höhe:	15–30 m
Wuchs:	Baum mit gewölbter Krone

BIENENBAUM *Tetradium daniellii*

Der Bienenbaum wird auch Honigesche oder Stinkesche genannt und gehört zur Familie der Rautengewächse *(Rutaceae)*. Die Blätter verströmen beim Zerreiben einen unangenehmen Geruch, wohingegen die äußerst nektarreichen Blüten mit ihrem wohlriechenden Duft viele Bienen anlocken. Aufgrund der späten Blütezeit sind Honigeschen eine wertvolle Nahrungsquelle für Bienen. Diese besuchen oft nur drei Blüten, um ihre volle Nektarration zu erhalten.

▶ STANDORT

Die in China und Korea heimische Pflanze ist frostempfindlich und benötigt einen geschützten, sonnigen bis halbschattigen Standort im Garten. Der Boden sollte durchlässig und weder zu trocken noch zu feucht sein.

▶ PFLANZUNG UND PFLEGE

Der Bienenbaum sollte möglichst im Frühjahr gepflanzt und mit einer Mulchschicht umgeben werden. Die pflegeleichten Gewächse benötigen nur in sehr trockenen Zeiten Wasser und müssen auch nicht gedüngt werden.

─── **STECKBRIEF** ───

Blütezeit:	Juli–September
Blütenfarbe:	weiß
Höhe:	bis 20 m
Wuchs:	ausladendes Gehölz

BIENENFREUND *Phacelia tanacetifolia*

Der Bienenfreund wird auch Büschelschön oder Rainfarn-Phazelie genannt und ist ein Mitglied der Familie der Raublattgewächse *(Boraginaceae)*. Wie der Name bereits sagt, finden Bienen und Hummeln hier reichhaltige Nahrung, die auch leicht verfügbar ist: Da die Stempel und Staubblätter weit über die Blütenblätter hinausragen, sind Pollen und Nektar für die summenden Besucher gut erreichbar. Der Bienenfreund wird auch gerne als Gründüngung verwendet.

▶ STANDORT
Am besten geeignet ist ein sonniger bis halbschattiger Standort. Die anspruchslose Pflanze benötigt lediglich einen durchlässigen Boden, damit sich keine Staunässe bildet.

▶ PFLANZUNG UND PFLEGE
Die Phazelie kann direkt ins Beet gesät werden. Allerdings sollte man damit bis nach den letzten Bodenfrösten warten. Nach anfänglichen Wassergaben verträgt sie später aber auch Trockenheit recht gut.

STECKBRIEF

Blütezeit:	Juni–Oktober
Blütenfarbe:	lila-blau
Höhe:	30–100 cm
Wuchs:	aufrecht, krautig

BLAUE HIMMELSLEITER *Polemonium caeruleum*

Die auch als Jakobsleiter oder Sperrkraut bekannte Staude aus der Familie der Sperrkrautgewächse *(Polemoniaceae)* hat eine unwiderstehliche Anziehungskraft auf Bienen und auch auf andere Insekten. Ihre üppige blaue Blütenpracht ist aber auch für den Menschen eine Augenweide. Ihren Namen hat die Himmelsleiter wegen der länglichen, gefiederten Blätter, die wie kleine Leiterchen aussehen.

▶ STANDORT

Die Himmelsleiter ist als einzige Polemonium-Art in Deutschland heimisch und gedeiht auf nährstoffreichen Wiesen im Gebirge. Im Garten braucht sie einen durchlässigen, feuchten Boden ohne Staunässe.

▶ PFLANZUNG UND PFLEGE

An einem halbschattigen Platz im Staudenbeet fühlt sich die Pflanze am wohlsten. Sie ist unkompliziert, sollte aber bei anhaltender Trockenheit gut gegossen werden. Ein Rückschnitt nach der Blüte fördert eine zweite Blütezeit.

──── STECKBRIEF ────

Blütezeit:	Juni–Juli
Blütenfarbe:	blau
Höhe:	40–80 cm
Wuchs:	aufrecht, horstbildend

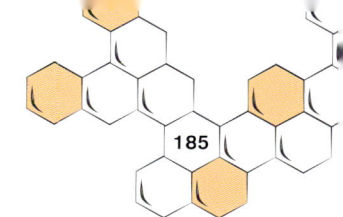
BLUTWEIDERICH *Lythrum salicaria*

Der Gewöhnliche Blutweiderich gehört zur Familie der Weiderichgewächse *(Lythraceae)*. Die Pflanze wurde früher als Heilpflanze eingesetzt: Man machte sich vor allem seine blutstillende Wirkung zunutze, worauf auch sein Name zurückzuführen ist. Heutzutage wird der Blutweiderich besonders wegen seinem Nahrungsangebot für Bienen und Schmetterlinge geschätzt.

▶ STANDORT

Der beste Standort für den Blutweiderich ist ein sonniger Platz an einem Bach oder Teich oder auch auf Feuchtwiesen. Auf jeden Fall benötigt er dauerhafte Feuchtigkeit und einen nährstoffreichen, eher lehmigen Boden.

▶ PFLANZUNG UND PFLEGE

Im Garten pflanzt man den Blutweiderich vorzugsweise am Rand oder im Uferbereich eines Teiches. Hat er sich erst einmal an einem feuchten Standort etabliert, braucht er auch keine besondere Pflege mehr.

STECKBRIEF

Blütezeit:	Juni–September
Blütenfarbe:	violett
Höhe:	50–150 cm
Wuchs:	aufrecht, buschig

BORRETSCH *Borago officinalis*

Aus der Familie der Raublattgewächse *(Bora-ginaceae)* stammend, wird der Borretsch aufgrund seiner den Gurken ähnelnden Blätter auch Gurkenkraut genannt. Seine Blätter sind eine aromatische Zutat zu Salaten oder in Grüner Soße und die Blüten finden als essbare Dekoration Verwendung. Allerdings sollte Borretsch nur in geringen Mengen genossen werden, da bei größeren Mengen seine toxischen Inhaltsstoffe zum Tragen kommen.

▶ STANDORT

Borretsch gedeiht gut an einem sonnigen bis halbschattigen Standort. Er stellt keine besonderen Ansprüche an den Boden, wobei es ihm zugute kommt, wenn er durchlässig, kalkhaltig und nicht allzu trocken ist.

▶ PFLANZUNG UND PFLEGE

Borretsch kann ab April direkt ins Kräuter- oder Blumenbeet gesät werden. Er sollte nicht zu eng stehen, damit er nicht von Krankheiten wie z. B. Mehltau befallen wird. Außer dem Gießen bedarf er keinerlei Pflegemaßnahmen.

─── STECKBRIEF ───

Blütezeit:	Juni–September
Blütenfarbe:	blau
Höhe:	60–100 cm
Wuchs:	aufrecht, horstbildend

BROMBEERE *Rubus fruticosus*

Dieser beliebte Obststrauch aus der Familie der Rosengewächse *(Rosaceae)* ist weltweit in unzähligen Arten verbreitet. Ursprünglich eine Wildpflanze, wird die Brombeere inzwischen in vielen Gärten als Naschfrucht angebaut – seit einigen Jahren auch als stachellose Variante. Aufgrund ihres reichen Nektar- und Pollenangebots ist die Brombeerblüte ein begehrtes Nahrungsobjekt für Bienen und Insekten.

▶ STANDORT

In Wäldern und Gebüschen sowie an Wegrändern oder kultiviert in Gärten ist die Brombeere häufig vertreten. Der Boden sollte nährstoffreich und der Standort sonnig sein, damit die Früchte gut ausreifen können.

▶ PFLANZUNG UND PFLEGE

Bei der Pflanzung in den Garten ist es empfehlenswert, eine Rhizomsperre anzubringen, da Brombeeren sehr lange Ausläufer bilden und schnell den ganzen Garten überwuchern können. Brombeeren müssen regelmäßig gewässert werden.

——— STECKBRIEF ———

Blütezeit:	Mai–August
Blütenfarbe:	weiß, hellrosa
Höhe:	bis 2 m
Wuchs:	Strauch

CHRISTROSE *Helleborus niger*

Die Christrose, auch Schneerose oder Nieswurz genannt, gehört zur Familie der Hahnenfußgewächse *(Ranunculaceae)* und ist in allen Teilen giftig. Aufgrund ihrer frühen Blütezeit im Winter und zur Weihnachtszeit erhielt sie ihren Namen. Während dieser Periode ist die Christrose eine besonders gute Nahrungsquelle für früh fliegende Wildbienen und Hummeln.

▶ STANDORT

In der freien Natur bevorzugt die Christrose lichte Wälder und buschige Hänge. Im Garten fühlt sie sich im Halbschatten wohl, beispielsweise am Rand von Gehölzen, und benötigt einen kalk- und nährstoffreichen Boden.

▶ PFLANZUNG UND PFLEGE

Am richtigen Standort entwickelt sich die Christrose prächtig und breitet sich gerne aus. Auch als Topfpflanze auf Balkon oder Terrasse ist sie geeignet: Der Topf sollte aber groß genug sein (Tiefwurzler!) und Staunässe muss vermieden werden.

STECKBRIEF

Blütezeit:	Dezember–März
Blütenfarbe:	weiß, rötlich
Höhe:	10–30 cm
Wuchs:	horstbildend

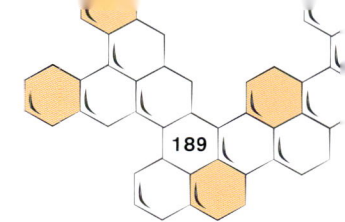
DAHLIE *Dahlia spec.*

Dahlien, auch Georginen genannt, gehören zur Familie der Korbblütler *(Asteraceae)*. In ihrer Heimat Mexiko wurden die Knollen wie Kartoffeln verwendet und gegessen. Die heutigen Sorten sind Kreuzungen der ursprünglichen Wildarten. Um Bienen und Hummeln Nahrung zu bieten, sollte man ausnahmslos die ungefüllten Dahlien-Arten anpflanzen, denn bei den gefüllten können die Tierchen die pollentragenden Staubgefäße nicht mehr erreichen.

▶ STANDORT

Die Dahlie liebt es sonnig und warm, da sie aus südlichen Gefilden eingewandert ist. Im Staudenbeet wächst sie besonders gut auf sandig-lehmigen Böden, die durchlässig sind, damit die Knollen nicht faulen.

▶ PFLANZUNG UND PFLEGE

Dahlienknollen werden ab Ende April mit ausreichendem Abstand ins Beet gesetzt. Da sie nicht frosthart sind, müssen die Knollen im Spätherbst wieder ausgegraben und an einem trockenen, frostfreien Ort gelagert werden.

STECKBRIEF

Blütezeit:	Juli–September
Blütenfarbe:	verschiedene Farben
Höhe:	bis 2 m
Wuchs:	buschig

DUFTNESSEL *Agastache spec.*

Die Duftnessel oder Agastache gehört zur Familie der Lippenblütler *(Lamiaceae)*. Es gibt unterschiedliche Agastache-Sorten, die unter den Namen Bergminze, Blaunessel oder Anis-Ysop bekannt sind. Die essbaren Blüten und Blätter der Duftnessel riechen aromatisch nach Anis oder Minze und locken nicht nur Bienen, sondern auch viele Schmetterlinge an. Die Agastache erfreut sich als krautig wachsende Schmuckstaude zunehmender Beliebtheit.

▶ STANDORT

Agastachen sind zwar recht anspruchslos, bevorzugen aber einen warmen, sonnigen und nicht allzu feuchten Standort. Zu viel Nässe vertragen sie nicht gut. Die Pflanze gedeiht am besten auf durchlässigem, sandigem Boden.

▶ PFLANZUNG UND PFLEGE

Die Duftnessel ist besonders attraktiv, wenn man sie im Garten in Gruppen anpflanzt. Dort muss sie nur bei lang anhaltender Trockenheit gegossen werden – möglichst in den Morgen- oder Abendstunden. Staunässe sollte vermieden werden.

——— STECKBRIEF ———

Blütezeit:	Juni–August
Blütenfarbe:	blau, weiß, orange
Höhe:	40–150 cm
Wuchs:	aufrecht, teils buschig

EDELKASTANIE *Castanea sativa*

Die Edel- oder auch Esskastanie aus der Familie der Buchengewächse *(Fagaceae)* wird in Europa vorrangig wegen ihrer Früchte und ihres Holzes angebaut. Ihre eher späten Blüten werden von Bienen und Hummeln gerne angeflogen und viele Wildtiere, wie Eichhörnchen oder größere Vögel, nutzen ihre Früchte als Wintervorrat. Die Edelkastanie ist mit der ähnlich aussehenden Rosskastanie nicht verwandt.

▶ STANDORT

Da die Edelkastanie sehr groß wird, benötigt sie viel Platz und Licht. Auch mag sie einen warmen Standort auf lockerem Boden ohne zu viel Kalk.

▶ PFLANZUNG UND PFLEGE

Die Edelkastanie ist nur für den Garten geeignet, wenn er groß genug ist. Sie wird im Frühling gepflanzt und braucht anfangs viel Wasser. Staunässe nimmt der Baum allerdings übel.

STECKBRIEF

Blütezeit:	Juni
Blütenfarbe:	hellgelb
Höhe:	bis 30 m
Wuchs:	aufrecht, ausladend

EFEU *Hedera helix*

Die immergrüne Kletterpflanze aus der Familie der Araliengewächse *(Araliaceae)* ist aufgrund ihrer sehr späten Blütezeit eine wichtige Nahrungspflanze für Bienen und Insekten im Herbst. Ihre Früchte sind für Menschen leicht giftig, aber bei Vögeln sehr beliebt. Wird der Efeu zur Wandbegrünung gepflanzt, dient er Letzteren auch häufig als Nistplatz. Die Pflanze ist sehr robust und kann bis zu 500 Jahre alt werden.

▶ STANDORT

Efeu wächst sowohl im Wald als auch im Garten, wo er einen eher schattigen Platz bevorzugt. Er ist sehr anpassungsfähig und ist daher für viele verschiedene Bodenarten geeignet. An Mauern und Felsen finden seine Haftwurzeln guten Halt.

▶ PFLANZUNG UND PFLEGE

Seinen ausgeprägten Klettertrieb entfaltet der Efeu ca. zwei Jahre nach der Pflanzung. Wird er dann kräftig zurückgeschnitten, verzweigt er sich besonders gut und bedarf auch keiner besonderen Pflege.

——— STECKBRIEF ———

Blütezeit:	August–Oktober
Blütenfarbe:	gelblich-grün
Höhe:	bis 20 m
Wuchs:	kletternd, kriechend

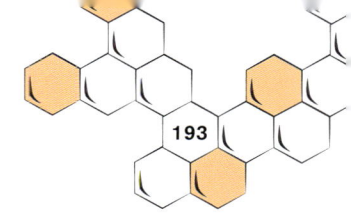

EUROPÄISCHE TROLLBLUME *Trollius europaeus*

Die Trollblume ist auch unter dem Namen Butterblume bekannt. Sie gehört zur Familie der Hahnenfußgewächse *(Ranunculaceae)*. Sie steht unter Naturschutz und ist in der freien Natur kaum noch zu finden. Als Gartenpflanze sorgt sie für einen nicht zu übersehenden Farbklecks im Beet. Die Trollblume ist giftig, vor allem für Tiere, die die Blume, sofern sie überhaupt noch vorkommt, jedoch meiden.

▶ STANDORT

Ursprünglich auf Feuchtwiesen, in Mooren und an Bachläufen zu Hause, ist die Trollblume heute stark gefährdet. Auch im Garten fühlt sie sich am Teich oder an einem Bachlauf am wohlsten.

▶ PFLANZUNG UND PFLEGE

Die Trollblume eignet sich gut zur Gruppenpflanzung, dann kommt ihre leuchtende Farbe gut zur Geltung. Sie muss, falls sie nicht in Teich- oder Bachnähe steht, regelmäßig gut gegossen und feucht gehalten werden.

───── STECKBRIEF ─────

Blütezeit:	Mai–Juni
Blütenfarbe:	gelb, orange
Höhe:	20–60 cm
Wuchs:	aufrecht

FAULBAUM *Frangula alnus Mill.*

Der Gewöhnliche Faulbaum aus der Familie der Kreuzdorngewächse *(Rhamnaceae)* wird auch Schießbeere oder Pulverholz genannt: Der Name Faulbaum bezieht sich auf den leichten Fäulnisgeruch der Rinde, Schießbeere und Pulverholz gehen darauf zurück, dass seine Holzkohle früher als Schießpulver verwendet wurde. Die verschiedenen Teile des Baumes sind leicht giftig. Seine eher unscheinbaren Blüten sind eine wichtige Nektarquelle.

▶ STANDORT

Der Faulbaum liebt es feucht und findet sich deshalb häufig in Mooren und Auen. Im Garten fühlt er sich am Rand eines Teiches wohl und verträgt sowohl einen sonnigen als auch einen schattigen Standort.

▶ PFLANZUNG UND PFLEGE

Der Faulbaum muss vor dem Pflanzen gut gewässert werden, ansonsten benötigt er nur einmal jährlich etwas Kompost. Die unkomplizierte Pflanze gedeiht auch in großen Kübeln sehr gut.

——— STECKBRIEF ———

Blütezeit:	Mai–August
Blütenfarbe:	grünlich-weiß
Höhe:	1–6 m
Wuchs:	Strauch, Baum

FETTE HENNE *Sedum telephium*

Die Fette Henne oder auch Purpur-Fetthenne ist eine Staude aus der Familie der Dickblattgewächse *(Crassulaceae)*. Sie hält mit ihrer langen Blühdauer bis in den Herbst hinein ein reiches Nahrungsangebot für Bienen und Hummeln bereit. In ihren dicken Blättern speichert die Pflanze Wasser und kann so auch längere Trockenzeiten recht gut überstehen.

▶ STANDORT

Die Fette Henne liebt es sonnig und warm mit sandigen, trockenen Böden. Es gibt sie in vielen verschiedenen Sorten, die sich jeweils mehr für Steingärten, für Staudenbeete oder Kübelbepflanzung eignen.

▶ PFLANZUNG UND PFLEGE

Die Pflanze kann nicht nur ins Beet, sondern auch in einen Kübel für Terrasse oder Balkon gepflanzt werden. Sie sollte erst im Frühjahr zurückgeschnitten werden, da sie auch im Winter den Garten optisch bereichert.

—— STECKBRIEF ——

Blütezeit:	Juni–September
Blütenfarbe:	rosa, braun- bis purpurrot
Höhe:	40–60 cm
Wuchs:	aufrecht, buschig

FLOCKENBLUME *Centaurea spec.*

Die Flockenblume gehört zur Familie der Korb-blütler *(Asteraceae)*. Zu den zahlreichen Arten der Flockenblume gehören sowohl Stauden als auch ein- und zweijährige Pflanzen. Die bekann-teste Art ist die Kornblume, die bis in den Okto-ber hinein blüht. Flockenblumen sind aufgrund ihrer langen Blühdauer eine gute Nahrungsquelle für Bienen, Schmetterlinge und andere Insekten.

▶ STANDORT

Die Flockenblume ist in der freien Natur zahlreich auf Wiesen und Weiden vertreten. Sie benötigt nährstoffreiche und durchlässige Böden und einen möglichst sonnigen Standort.

▶ PFLANZUNG UND PFLEGE

Die Flockenblume kann im Frühling direkt ins Beet gesät oder als Containerpflanze gekauft werden. Die anspruchslose Pflanze setzt wieder neue Blüten an, wenn man die verwelkten ent-fernt.

───── STECKBRIEF ─────

Blütezeit:	Mai–September
Blütenfarbe:	rosa, blau, violett
Höhe:	40–60 cm
Wuchs:	aufrecht

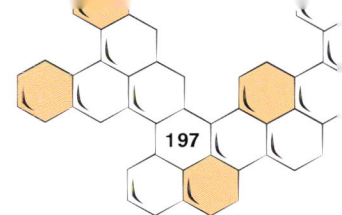
FRÜHLINGS-KROKUS *Crocus vernus*

Der frühblühende Krokus ist eine der ersten Nahrungsquellen für Bienen und Hummeln. Wild wachsen die Pflanzen aus der Familie der Schwertliliengewächse *(Iridaceae)* vor allem auf Bergwiesen, die sie im Frühjahr wie einen Teppich überziehen. Krokusse sind für Menschen nur schwach giftig. Es besteht aber Verwechslungsgefahr mit der seltenen, frühjahrsblühenden Herbstzeitlosen, die hoch giftig ist!

▶ STANDORT

In Steingärten und auf Rasenflächen sorgt der Krokus zeitig für Frühlingsgefühle – vor allem für Bienen und Hummeln, die hier eifrig Pollen sammeln. Ein sonniger Standort mit sandig-lehmigem Boden ist für den Krokus perfekt.

▶ PFLANZUNG UND PFLEGE

Krokusse werden im Herbst gesetzt. In Gruppen angeordnet, kommen sie besonders gut zur Geltung. Die Blätter sollten erst einige Wochen nach der Blüte abgeschnitten werden, damit die Pflanze Kraft für die nächste Saison herausziehen kann.

─── STECKBRIEF ───

Blütezeit:	März–April
Blütenfarbe:	weiß, violett
Höhe:	5–15 cm
Wuchs:	aufrecht

GARTEN-RESEDE *Reseda odorata*

Die Garten- oder Duft-Resede gehört zur Familie der Resedagewächse *(Resedaceae)*. Sie hat zwar eine recht unscheinbare Blüte, ist aber aufgrund ihres Duftes für Bienen ein unwiderstehlicher Anziehungspunkt. Vor allem die Reseden-Maskenbiene ist auf den Nektar von Reseden-Arten angewiesen: Wie der Name bereits andeutet, fliegt sie nur Reseden an.

▶ STANDORT

Die Resede liebt einen sonnigen bis halbschattigen Standort und gedeiht am besten auf nährstoffreichen, kalkhaltigen und durchlässigen Böden. Staunässe verträgt sie überhaupt nicht.

▶ PFLANZUNG UND PFLEGE

Die einjährige Pflanze kann ab April direkt ins Beet oder in Töpfe gesät werden. Zieht man sie vor, so empfiehlt sich ein Aussetzen der kleinen Pflänzchen erst nach den letzten Nachtfrösten. Ansonsten ist die Resede sehr pflegeleicht.

─── STECKBRIEF ───

Blütezeit:	Juni–September
Blütenfarbe:	grün, gelb
Höhe:	20–60 cm
Wuchs:	aufrecht, oft niederliegend

GLOCKENBLUME   *Campanula spec.*

Die Pflanzen aus der Familie der Glockenblumen-
gewächse *(Campanulaceae)* ziehen mit ihren
schönen, blauen, glockenförmigen Blüten nicht
nur zahlreiche Wildbienen an, sondern erfreuen
auch das Auge jedes Gartenbesitzers. Neben
den klassischen blau- und violett-blühenden Arten
gibt es mittlerweile auch rosa- und weißblühende.

▶ STANDORT

In der freien Natur findet man die Glockenblume
häufig auf Äckern und an Wegrändern, im Garten
bevorzugt sie lehmige, kalkhaltige Böden. Die
Pflanze ist anspruchslos, nur Staunässe kann
sie gar nicht vertragen.

▶ PFLANZUNG UND PFLEGE

In kleinen Gruppen gepflanzt, kommt sie besonders gut zur Geltung. Sie braucht aber etwas
Platz, um sich ausbreiten zu können. Damit die
Glockenblume schön und ausdauernd blüht,
sollte man sie ab und zu teilen.

——— STECKBRIEF ———

Blütezeit:	Juni–August
Blütenfarbe:	blau, violett
Höhe:	50–80 cm
Wuchs:	aufrecht

HIMBEERE   *Rubus idaeus*

Die sowohl wild- als auch kultiviert wachsende Pflanze aus der Familie der Rosengewächse *(Rosaceae)* ist eine der wenigen heimischen Obstarten. Sie wird vor allem wegen ihrer süßen und schmackhaften Beeren geschätzt. Bei den Bienen hingegen sind nur die Blüten hochbegehrt: Sie punkten durch einen sehr hohen Nektar- und Pollengehalt. Früher galt die Himbeere als Heilpflanze und wurde in Klöstern angebaut.

▶ STANDORT
Die Himbeere kommt in fast ganz Europa vor und wächst besonders gut an einem sonnigen, windgeschützten Standort. Sie mag lehmigen Boden, in dem sich aber keine Staunässe bilden darf.

▶ PFLANZUNG UND PFLEGE
Himbeeren sollten mit 40 cm Abstand gepflanzt und gut gewässert werden. Damit die Pflanzen Halt finden, empfiehlt sich eine Pflanzung in Reihen an einem Drahtgerüst.

───── STECKBRIEF ─────

Blütezeit:	Mai–August
Blütenfarbe:	weiß
Höhe:	bis 2 m
Wuchs:	aufrecht, buschig

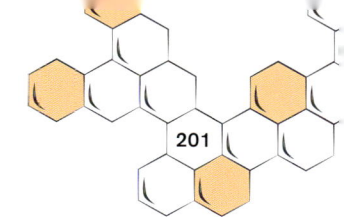
HUFLATTICH *Tussilago farfara*

Der Frühblüher aus der Familie der Korbblütler *(Asteraceae)* ist oft schon im zeitigen Frühjahr eine gute Nahrungsquelle für Bienen und Insekten. Aufgrund seiner Heilwirkung wird er häufig als pflanzliches Hustenmittel eingesetzt. So bedeutet sein lateinischer Name auch so viel wie „Hustenvertreiber". Übermäßige Einnahme sollte man aber vermeiden, da er auch giftige Substanzen enthält.

▶ STANDORT

Auf Brachflächen und an Wegrändern ist der Huflattich fast überall in Europa zu finden. Bei der Pflanzung im Hausgarten sollte man beachten, dass sich der Huflattich mit seinen bis zu 2 m langen Wurzelausläufern sehr ausbreitet.

▶ PFLANZUNG UND PFLEGE

Der Huflattich bevorzugt lehmigen, feuchten Boden und einen sonnigen Platz. Man pflanzt ihn in kleinen Gruppen mit ca. 30 cm Abstand. Er ist pflegeleicht und benötigt lediglich eine Eingrenzung der Ausläufer.

── STECKBRIEF ──

Blütezeit:	März–Mai
Blütenfarbe:	hellgelb
Höhe:	10–30 cm
Wuchs:	flach, ausgebreitet

JAPANISCHE SCHEINQUITTE *Chaenomeles japonica*

Die aus Japan stammende Zierquitte aus der Familie der Rosengewächse *(Rosaceae)* trägt schon vor dem Blattaustrieb viele Blüten, die Bienen und andere Insekten anziehen und somit eine wertvolle Bienenweide darstellen. Darüberhinaus sind sie im Garten auch ein optischer Anziehungspunkt. Aus den Blüten entwickeln sich duftende kleine Quittenfrüchte, die allerdings roh ungenießbar sind.

▶ STANDORT

In Europa kommt die Scheinquitte nicht in ihrer Wildform vor, sondern nur als Kulturpflanze. Sie benötigt sonnige bis halbschattige Plätze mit Böden, die nährstoffreich und leicht lehmig sind.

▶ PFLANZUNG UND PFLEGE

Die Quitte eignet sich zur Heckenpflanzung. Sie wird im Herbst eingesetzt und dann gut gewässert. Auch in heißen und trockenen Sommern sollte man der Pflanze regelmäßige Wassergaben verabreichen.

─── STECKBRIEF ───

Blütezeit:	April–Mai
Blütenfarbe:	rot
Höhe:	1–2 m
Wuchs:	aufrecht, buschig

KATZENMINZE *Nepeta spec.*

Die Echte Katzenminze, auch Katzenmelisse genannt, gehört zur Familie der Lippenblütler *(Lamiaceae)*. Sie wird nicht nur von Hummeln und Bienen gerne besucht, sondern – wie der Name schon andeutet – auch von Katzen: Sie werden von ihrem Duft geradezu magisch angezogen. Die Katzenminze gilt auch als Heilpflanze und soll gegen Erkältungen helfen.

▶ STANDORT
In natürlicher Umgebung findet man die verwilderte Katzenminze an Weg- und Straßenrändern. Im Garten liebt sie nährstoffreichen, sandig-lehmigen Boden und einen sonnigen Standort.

▶ PFLANZUNG UND PFLEGE
Die winterharte Staude kann von März bis Oktober gepflanzt werden. Sie ist pflegeleicht und wenn sie einmal angewachsen ist, benötigt sie in der Regel keine zusätzlichen Wassergaben.

─── STECKBRIEF ───

Blütezeit:	Mai–August
Blütenfarbe:	blau, weiß
Höhe:	30–140 cm
Wuchs:	aufrecht

KORIANDER   *Coriandrum sativum*

Koriander, auch Asiatische Petersilie genannt, ist eine einjährige Gewürzpflanze aus der Familie der Doldenblütler *(Apiaceae)*. Koriander polarisiert: Entweder man liebt seinen Geschmack oder man verabscheut ihn. Die Bienen fliegen auf ihn – im wahrsten Sinne des Wortes! Sein hoher Nektargehalt macht ihn zur idealen Nahrung für die Biene und ihren Nachwuchs.

▶ STANDORT

Die Pflanze stammt aus dem Mittelmeerraum und wächst selten wild in der Natur, sondern wird als Kulturpflanze angebaut. Sie liebt nährstoff- und humusreichen Boden ohne Staunässe und einen sonnigen bis halbschattigen Standort.

▶ PFLANZUNG UND PFLEGE

Koriander kann ab April direkt ins Freiland gesät oder im Topf vorgezogen werden. Er wird in Reihen gesät, leicht mit Erde bedeckt und benötigt regelmäßige Wassergaben. Die Fruchtkugeln werden im September geerntet und als Gewürz verwendet.

——————— STECKBRIEF ———————

Blütezeit:	Juni–Juli
Blütenfarbe:	weiß
Höhe:	20–50 cm
Wuchs:	aufrecht, verzweigt

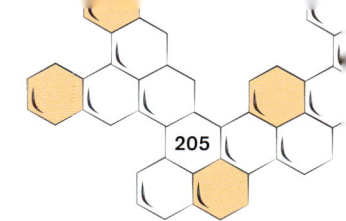
KORNBLUME *Centaurea cyanus*

Die meist leuchtend blaue Blütenpflanze aus der Familie der Korbblütler *(Asteraceae)* war früher ein vertrauter Anblick auf Kornfeldern in Mitteleuropa. Durch den Einsatz von Pestiziden in der Landwirtschaft ist sie eher selten geworden. Da sie eine gute Nektarquelle für Bienen darstellt und auch eine Zierde für jeden Garten ist, lohnt es sich, sie wieder häufiger anzusiedeln.

▶ STANDORT

Die Kornblume mag einen sonnigen und warmen Standort, gerne auf Getreideäckern und an Wegrändern. Als Zierpflanze im Garten entwickelt sie sich gut auf lehmigem Boden.

▶ PFLANZUNG UND PFLEGE

Die Kornblume kann ab März direkt im Garten ausgesät werden. Sie sollte leicht mit Erde bedeckt und feucht gehalten werden. Während der Blütezeit sollten die welken Blüten regelmäßig abgeschnitten werden, damit neue nachkommen können.

─── STECKBRIEF ───

Blütezeit:	Juni–September
Blütenfarbe:	blau, rot, rosa, weiß
Höhe:	40–80 cm
Wuchs:	aufrecht, verzweigt

KORNELKIRSCHE *Cornus mas*

Die Kornelkirsche, auch Gelber Hartriegel genannt, gehört zur Familie der Hartriegelgewächse *(Cornaceae)*. Sie ist wegen der frühen Blühzeit, noch vor der Forsythie, eine beliebte Pflanze im Vorfrühling. Bienen und Hummeln finden hier reichlich Nahrung und im Herbst sind die reifen, roten Früchte für Vögel und Kleintiere eine sehr willkommene Futterquelle.

▶ STANDORT
Als Busch oder Baum fühlt sich die Kornelkirsche in Hecken oder lichten Wäldern wohl. Natürliche Vorkommen sind allerdings selten geworden. Ein sonniger bis halbschattiger Standort auf durchlässigem und nährstoffreichem Boden ist ideal.

▶ PFLANZUNG UND PFLEGE
Im Garten wird die Kornelkirsche oft als Strauch gepflanzt und braucht zwei bis drei Jahre, um kräftig zu wachsen. Dafür ist sie sehr robust und anspruchslos: Sie verträgt auch längere Trockenperioden und kann jederzeit zurückgeschnitten werden.

——— STECKBRIEF ———

Blütezeit:	März–April
Blütenfarbe:	gelb
Höhe:	3–8 m
Wuchs:	Strauch, Baum

KUGELDISTEL *Echinops ritro*

Die sehr dekorative Kugeldistel gehört zur Familie der Korbblütler *(Asteraceae).* Sie entwickelt einen Blütenstand von 2–4 cm Durchmesser, der sowohl Bienen als auch Schmetterlinge und Insekten anlockt. Aufgrund ihrer igelähnlichen Form erhielt die Zierpflanze ihren botanischen Namen: *echinus* bedeutet Igel und *opsis* bedeutet ähnlich.

▶ STANDORT

Die ursprünglich in Südeuropa heimische Kugeldistel benötigt viel Sonne und Wärme, gedeiht aber auch im Halbschatten recht gut. Sie ist an Trockenheit gewöhnt und kommt mit nahezu allen Böden gut klar.

▶ PFLANZUNG UND PFLEGE

Im Staudenbeet sollte die Kugeldistel mit genügend Abstand gepflanzt werden. Ansonsten ist sie sehr pflegeleicht: Je nach Größe benötigt sie eventuell eine Stütze und im Herbst ist ein Rückschnitt empfehlenswert.

——— STECKBRIEF ———

Blütezeit:	Juli–August
Blütenfarbe:	blau
Höhe:	80–100 cm
Wuchs:	aufrecht

LAVENDEL   *Lavandula angustifolia*

Lavendel wird nicht nur wegen seines dekorativen Aussehens, sondern auch wegen seines Duftes geschätzt. Die Pflanze aus der Familie der Lippenblütler *(Lamiaceae)* zieht mit ihrem betörenden Geruch zahllose Bienen, Hummeln, Schwebfliegen und Schmetterlinge an. Lavendel leitet sich vom lateinischen *lavare* (waschen) ab: Die Römer gaben früher in ihr Badewasser einen Zusatz aus Lavendelblüten.

▶ STANDORT

Die aus dem Mittelmeerraum „eingewanderte" Pflanze benötigt viel Wärme und Sonne. Trockener, kalkhaltiger Boden ohne Staunässe erlaubt dem Lavendel eine optimale Entwicklung.

▶ PFLANZUNG UND PFLEGE

Die Samen können ab März im Haus vorgezogen werden. Alternativ kann man bereits fertige Jungpflanzen aussetzen. Der winterharte Lavendel ist pflegeleicht, sollte aber nach der Blüte zurückgeschnitten werden.

─── STECKBRIEF ───

Blütezeit:	Juli–August
Blütenfarbe:	blau
Höhe:	bis 100 cm
Wuchs:	aufrecht

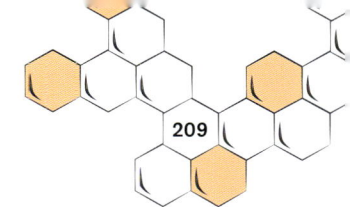
LILIE *Lilium spec.*

Die Lilie gehört zur Familie der Liliengewächse *(Liliaceae)*, die ca. 125 Arten umfasst. Die Zierpflanze mit den auffälligen Blüten wurde aus Asien eingeführt und spielt nicht nur als Garten- und Schnittblume, sondern auch als Heilpflanze eine Rolle. Sie gehört mit ihrem hohen Nektar- und Pollengehalt zu den besonders bienenfreundlichen Gewächsen.

▶ STANDORT

Die vielfarbige Blütenpracht der Lilie macht sie zur idealen Zierpflanze für den Garten. Dort liebt sie einen sonnigen Platz und durchlässigen, nährstoffreichen Boden, am besten lehmigen Sandboden.

▶ PFLANZUNG UND PFLEGE

Die Zwiebel wird im Herbst ca. 20 cm tief in die Erde gesetzt. Die Pflanze muss feucht gehalten werden, aber ohne Staunässe. Verwelkte Blüten sollten mit einer scharfen Schere abgeschnitten werden.

STECKBRIEF

Blütezeit:	Juni–September
Blütenfarbe:	weiß, gelb, orange, rot
Höhe:	bis 3 m
Wuchs:	aufrecht

LINDE   *Tilia spec.*

Früher war die „Dorflinde" ein zentraler Treffpunkt, den man mancherorts noch heute vorfindet, da Linden sehr alt werden. Der Baum aus der Familie der Malvengewächse *(Malvaceae)* kommt meist als Sommer- oder als Winterlinde vor. Er trägt unzählige Blüten und ist ein wichtiger Nektarlieferant für Bienen. Daraus bereiten die fleißigen Tierchen dann den beliebten, kräftig duftenden Lindenblütenhonig.

▶ STANDORT

In den Städten wird sie als Straßen- oder Parkbaum angepflanzt und in Mitteleuropa findet man sie gelegentlich in Wäldern. Für einen großen Garten ist sie ebenfalls gut geeignet.

▶ PFLANZUNG UND PFLEGE

In Baumschulen sind größere Exemplare erhältlich, die sich in tiefgründigem, lehmigem Boden wohlfühlen. Die Linde benötigt keine Pflege, man sollte aber bedenken, dass sie gerne von Blattläusen befallen wird, deren klebriger Honigtau heruntertropft.

── STECKBRIEF ──

Blütezeit:	Mai–Juli
Blütenfarbe:	gelblich weiß
Höhe:	bis 40 m
Wuchs:	Baum

LÖWENZAHN   *Taraxacum officinale*

Der Löwenzahn, umgangssprachlich auch Kuhblume genannt, gehört zur Familie der Korbblütler *(Asteraceae)*. Er ist eine sehr weit verbreitete Wiesen- und Ackerpflanze und gleichzeitig ein Paradies für Pollen und Nektar sammelnde Bienen. Nach der Blüte entwickelt er sich zur bekannten „Pusteblume" und verbreitet so seinen Samen. Die Blätter und Blüten des Löwenzahns sind essbar.

▶ STANDORT

Den Löwenzahn findet man häufig auf Wiesen, Weiden und an Wegrändern. Er mag sonnige Plätze, verbreitet seinen Samen mit dem Wind und wächst sehr gut auf nährstoffreichen, tiefgründigen Böden.

▶ PFLANZUNG UND PFLEGE

Löwenzahn siedelt sich meistens von alleine im Garten an. Dort sollte man ihn dann auch dulden und nicht als Unkraut entfernen. Er benötigt keine Pflege und eine zu starke Ausbreitung kann durch Schneiden der welken Blüten verhindert werden.

─── STECKBRIEF ───

Blütezeit:	April–Juni
Blütenfarbe:	gelb
Höhe:	10–50 cm
Wuchs:	aufrecht, krautig

NATTERNKOPF   *Echium vulgare*

Der Natternkopf, auch Blauer Heinrich genannt, stammt aus der Familie der Raublattgewächse *(Boraginaceae)*. Durch den langen Blühzeitraum ist er eine wertvolle Bienenweide, wobei die gerade erst aufgeblühten, roten Blüten besonders nektarreich sind. Später wechselt die Farbe ins Blaue. Der Natternkopf ist für Menschen nur leicht, für Tiere aber sehr giftig.

▶ STANDORT
Die in ganz Europa verbreitete Pflanze wächst gerne an Böschungen und Dämmen, auf Brachland und an Wegrändern. Dabei bevorzugt sie trockenen, durchlässigen Boden ohne Staunässe.

▶ PFLANZUNG UND PFLEGE
Der Natternkopf hat eine lange Pfahlwurzel und benötigt deshalb ein tiefes Pflanzloch. Bis er angewachsen ist, braucht er regelmäßige Wassergaben. Ansonsten ist er äußerst pflegeleicht.

—— STECKBRIEF ——

Blütezeit:	Mai–Oktober
Blütenfarbe:	rot, blau
Höhe:	60–90 cm
Wuchs:	aufrecht

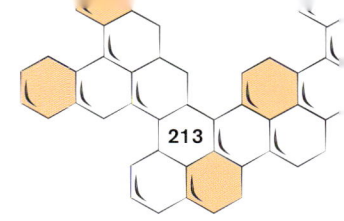
OREGANO *Origanum vulgare*

Der Oregano, auch Echter Dost oder Wilder Majoran genannt, gehört zur Familie der Lippenblütler *(Lamiaceae)*. Die Gewürz- und Heilpflanze wurde vor allem als „Pizzagewürz" bekannt. Ihr ausgeprägtes Aroma lockt aber nicht nur Feinschmecker an, sondern auch jede Menge Bienen, Schmetterlinge und Insekten, die hier ein reiches Pollen- und Nektarangebot vorfinden.

▶ STANDORT

Die Pflanze stammt aus den wärmeren Gefilden des Mittelmeerraums, ist aber inzwischen in ganz Europa heimisch. Sie wächst auf durchlässigen Böden an Böschungen, auf Magerwiesen und an Wegrändern.

▶ PFLANZUNG UND PFLEGE

Die Samen können ab Ende März vorgezogen werden. Alternativ pflanzt man junge Pflanzen ab Anfang Mai ins Beet. In der Pflege ist der Oregano völlig anspruchslos. Die Wurzeln können im Herbst geteilt werden.

——— STECKBRIEF ———

Blütezeit:	Juli–September
Blütenfarbe:	rosa
Höhe:	40–70 cm
Wuchs:	krautig, polsterbildend

ROSMARIN *Rosmarinus officinalis*

Die aromatische Gewürz- und Heilpflanze ist im Mittelmeerraum beheimatet, wo man sie oft an felsigen Küsten findet. Der Rosmarin ist in Mitteleuropa seit dem Mittelalter heimisch und wurde vor allem in Klostergärten angepflanzt. Der Strauch aus der Familie der Lippenblütler *(Lamiaceae)* wird in der Koch- und Heilkunst vor allem wegen seiner ätherischen Öle geschätzt.

▶ STANDORT

Wie in seiner Heimat, bevorzugt der Rosmarin auch hierzulande einen warmen und sonnigen Standort, gerne an einer geschützten Hauswand. Er liebt durchlässige und trockene Böden mit geringem Nährstoffgehalt.

▶ PFLANZUNG UND PFLEGE

Rosmarin kann an eine geschützte Stelle im Garten, in einen Topf oder Kübel, in ein Kräuterbeet oder in einen Steingarten gepflanzt werden. Er benötigt nur wenig Wasser und nur als Topfpflanze etwas Dünger.

─── STECKBRIEF ───

Blütezeit:	Mai–Juni
Blütenfarbe:	blau
Höhe:	1–2 m
Wuchs:	aufrecht, ausladend

ROSSKASTANIE *Aesculus spec.*

Die Gewöhnliche Rosskastanie gehört zur Familie der Seifenbaumgewächse *(Sapindaceae)*. Mit ihren großen, aufrecht stehenden Blütenrispen lockt sie zahlreiche Hummeln und Bienen an. Der hohe Nektargehalt der Blüten wird mit einem gelben Fleck angezeigt. Nach der Bestäubung färbt er sich rot und signalisiert den Bienen, dass hier nun kein Nektar mehr zu holen ist. Der Baum bildet im Herbst große Früchte aus, die Kastanien.

▶ STANDORT

Die Rosskastanie ist ursprünglich auf der Balkanhalbinsel zu Hause. Sie wächst sowohl an sonnigen als auch an schattigen Standorten auf nährstoffreichem Boden und wird häufig als Alleenbaum, in Parks oder Biergärten angepflanzt.

▶ PFLANZUNG UND PFLEGE

Bei einer Pflanzung im Garten sollte dieser entsprechend groß sein. Vor dem Einsetzen muss der Wurzelballen einige Stunden gewässert werden. Die Rosskastanie ist sehr pflegeleicht und wächst rasch heran.

--- **STECKBRIEF** ---

Blütezeit:	April–Mai
Blütenfarbe:	weiß mit gelbem bzw. rotem Fleck
Höhe:	bis 25 m
Wuchs:	Baum

ROTER SONNENHUT *Echinacea purpurea*

Der Rote Sonnenhut oder auch Purpur-Sonnenhut stammt aus der Familie der Korbblütler *(Asteraceae).* Er ist eine beliebte Zierpflanze für Parks und Gärten und spielt auch in der Pflanzenheilkunde eine große Rolle: Der Wirkstoff Echinacea ist ein häufiger Bestandteil in Erkältungspräparaten. Aufgrund der späten Blüte ist der Sonnenhut ein wichtiger Vertreter des Nahrungsangebotes für Bienen.

▶ STANDORT

Die Staude stammt aus Nordamerika. Sie mag einen sonnigen bis halbschattigen Standort, wobei sie bei weniger Sonneneinstrahlung auch weniger Blüten hervorbringt.

▶ PFLANZUNG UND PFLEGE

Der Rote Sonnenhut passt gut ins Staudenbeet, kann aber auch in Rabatten gepflanzt werden. Er benötigt lehmigen Boden und sollte nach der Blüte zurückgeschnitten werden.

STECKBRIEF

Blütezeit:	Juli–September
Blütenfarbe:	rot
Höhe:	80–100 cm
Wuchs:	aufrecht, horstbildend

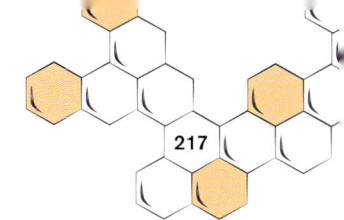

SALBEI *Salvia officinalis*

Der Echte Salbei, auch Garten- oder Küchen-salbei genannt, ist eine beliebte Gewürz- und Heilpflanze und gehört zur Familie der Lippen-blütler *(Lamiaceae)*. Er wird seit jeher gegen Halsschmerzen eingesetzt. Auf seine gesund-heitsfördernde Wirkung weist auch der Name hin: Das lateinische *salvus* bedeutet „gesund". Der Salbei wird gerne von Wildbienen besucht.

▶ STANDORT

Salbei benötigt gemäß seiner mediterranen Her-kunft viel Sonne und Wärme. An einem trockenen Platz gedeiht er am besten. Der Boden sollte möglichst durchlässig sein.

▶ PFLANZUNG UND PFLEGE

Ab Ende April können junge Salbeipflanzen in den Garten gesetzt werden. Sie benötigen dann mäßige, aber regelmäßige Wassergaben, wobei Staunässe unbedingt vermieden werden sollte.

─── STECKBRIEF ───

Blütezeit:	Juni–Juli
Blütenfarbe:	violett
Höhe:	40–80 cm
Wuchs:	strauchig

SAL-WEIDE *Salix caprea*

Die Sal- oder auch Kätzchenweide ist ein in Europa heimischer Baum aus der Familie der Weidengewächse *(Salicaceae)*. Aufgrund des frühen Blühzeitraums und des üppigen Pollen- und Nektargehaltes ist die Sal-Weide eine wichtige Nahrungspflanze für Wild- und Honigbienen. Der botanische Name *caprea* (Ziege) weist darauf hin, dass die jungen Triebe der Sal-Weide gerne von Ziegen verspeist werden.

▶ STANDORT

Die Sal-Weide braucht viel Sonne und wächst bevorzugt an Waldrändern, in Parks oder in Gärten. Sie ist bezüglich der Bodenbeschaffenheit zwar recht anspruchslos, entwickelt sich aber am besten auf lehmigen, kalkhaltigen Böden.

▶ PFLANZUNG UND PFLEGE

Ist die Sal-Weide gepflanzt, so benötigt sie regelmäßige Wassergaben, um gut anzuwachsen. Je nachdem, welche Kronenform bevorzugt wird, sollte man die Äste im Frühling zurückschneiden oder auch nicht.

—— STECKBRIEF ——

Blütezeit:	März–Mai
Blütenfarbe:	silbrig bis hellgelb
Höhe:	bis 10 m
Wuchs:	Baum

SAUERKIRSCHE *Prunus cerasus*

Die Sauerkirsche, auch Weichselkirsche genannt, gehört zur Familie der Rosengewächse *(Rosaceae)*. Sie ist eine heimische Pflanze, deren Blüten einen extrem hohen Pollen- und Nektargehalt aufweisen und die Bienen und Insekten eine reichhaltige Nahrung bieten. Im Juli und August können die Steinfrüchte der Sauerkirsche geerntet werden: Sie enthalten zahlreiche gesunde Inhaltsstoffe und eignen sich sowohl zum Rohessen als auch für Konfitüre.

▶ STANDORT

Die Sauerkirsche ist ein typischer Baum für den heimischen Obstgarten. Sie benötigt Sonne oder Halbschatten und bevorzugt nährstoffreiche, sandige Lehmböden, die nicht zu nass sein dürfen.

▶ PFLANZUNG UND PFLEGE

Da die Bäume sehr groß werden, sollten sie in ausreichendem Abstand gepflanzt werden. Außerdem ist es wichtig, sie regelmäßig zu beschneiden. Auch die abgeernteten Zweige müssen zurückgeschnitten werden.

——— STECKBRIEF ———

Blütezeit:	April
Blütenfarbe:	weiß
Höhe:	bis 8 m
Wuchs:	Baum oder Strauch

SCHARFER MAUERPFEFFER *Sedum acre*

Der Scharfe Mauerpfeffer, auch Scharfe Fetthenne genannt, gehört zur Familie der Dickblattgewächse *(Crassulaceae)* und lockt zahlreiche Insekten und Bienen an. Die mehrjährige Staude breitet sich schnell aus und wird deshalb gerne als Rasenersatz für sandige Flächen genutzt. Blüten entwickelt der Mauerpfeffer allerdings erst im zweiten Jahr.

▶ STANDORT
An einem sonnigen Platz im Garten mit sandigem, trockenem Boden gedeiht der Mauerpfeffer besonders gut. In der Natur wächst er vorzugsweise auf Mauern, Schotter und kalkhaltigen Flächen.

▶ PFLANZUNG UND PFLEGE
Da der Mauerpfeffer die Eigenschaften eines Bodendeckers aufweist, sollte er in Gruppen gepflanzt werden. Er ist vollkommen pflegeleicht und darüber hinaus auch winterfest.

──── STECKBRIEF ────

Blütezeit:	Juni–August
Blütenfarbe:	gelb
Höhe:	5–15 cm
Wuchs:	kriechend, polsterbildend

SCHLEHE *Prunus spinosa*

Die Schlehe, auch unter dem Namen Schwarzdorn bekannt, gehört zur Familie der Rosengewächse *(Rosaceae)*. Sie sollte in einem naturnahen Garten nicht fehlen, da sie vielen Kleintieren als Nahrungsquelle und Ort des Schutzes dient. Für Bienen und Hummeln hält sie schon im zeitigen Frühjahr Nahrung bereit. Nach dem ersten Frost können die blauen Früchte der Schlehe zu Konfitüre oder Likör verarbeitet werden.

▶ STANDORT

Die Schlehe ist recht anspruchslos, bevorzugt aber einen sonnigen Standort. Man findet sie häufig an Weg- und Waldrändern. Sie gedeiht auf nährstoffreichem Lehmboden, aber auch auf eher kargem Boden.

▶ PFLANZUNG UND PFLEGE

Als Bestandteil einer Hecke sollten zwei Meter Abstand eingehalten werden. Wenn man nicht möchte, dass sich die Schlehe zu sehr ausbreitet, empfiehlt sich eine Wurzelsperre. Als Wildgewächs ist sie sehr pflegeleicht.

─ STECKBRIEF ─

Blütezeit:	April
Blütenfarbe:	weiß
Höhe:	bis 4 m
Wuchs:	Strauch

SCHMALBLÄTTRIGES WEIDENRÖSCHEN *Epilobium angustifolium*

Die dekorative Wildstaude entstammt der Familie der Nachtkerzengewächse *(Onagraceae)*. Ihre zahlreichen Blüten locken Hummeln, Bienen und Wespen an, die hier reichlich Nahrung finden. Das Weidenröschen verbreitet sich sehr schnell über seine schirmchenartigen Samen, die bis zu 10 km weit fliegen können.

▶ STANDORT

Das Weidenröschen wächst gerne auf Lichtungen, an Waldrändern und auf Brachland mit möglichst durchlässigem, stickstoffhaltigem Boden. Es ist in ganz Europa verbreitet.

▶ PFLANZUNG UND PFLEGE

Die Staude eignet sich sehr gut als Zierpflanze für Rabatten oder Wildblumenbeete. In Gruppen gepflanzt, kommt sie besonders gut zur Geltung. Die mehrjährige Pflanze ist winterhart und sehr pflegeleicht.

─── STECKBRIEF ───

Blütezeit:	Juni–August
Blütenfarbe:	purpurrot
Höhe:	50–150 cm
Wuchs:	aufrecht

SCHWEDEN-KLEE *Trifolium hybridum*

Der Schweden-Klee wird auch Bastard-Klee genannt, weil er fälschlicherweise für eine Kreuzung aus Rot- und Weißklee gehalten wurde. Die Pflanze aus der Familie der Hülsenfrüchtler *(Fabaceae)* lockt nicht nur mit ihren zahlreichen Blüten Bienen und Hummeln an, sondern dient auch als beliebte Futterpflanze für Kleintiere. Da er als Grünfutter oft großflächig angebaut wird, ist er für Bienen auch sehr gut verfügbar.

▶ STANDORT

In der freien Natur findet sich der Schweden-Klee auf Wiesen und an Wegrändern, vorzugsweise auf nährstoff- und kalkreichem Lehmboden. Er ist in ganz Europa heimisch, aber nur bis in Höhen von 1000 m.

▶ PFLANZUNG UND PFLEGE

Im Hausgarten eignet sich der Schweden-Klee gut als Randbepflanzung, da er nicht sehr hoch wächst. Er ist winterhart, mehrjährig und sät sich von alleine aus. Er ist sehr pflegeleicht, verträgt aber Feuchtigkeit besser als lange Trockenzeiten.

—— STECKBRIEF ——

Blütezeit:	Mai–September
Blütenfarbe:	weiß, rötlich
Höhe:	30–50 cm
Wuchs:	aufrecht

SONNENBLUME *Helianthus annuus*

Die Gewöhnliche Sonnenblume aus der Familie der Korbblütler *(Asteraceae)* ist eine einjährige Pflanze, die ihre Blüten immer Richtung Süden wendet. Die Blütenköpfe können einen Durchmesser von bis zu 30 cm haben. Der hohe Nektar- und Pollengehalt lockt Bienen, Hummeln und Falter an. Die verblühten Köpfe enthalten zahlreiche Samen, die im Herbst und Winter eine willkommene Nahrungsquelle für Vögel sind.

▶ STANDORT

Die ursprünglich aus Mexiko stammende Zierpflanze liebt einen sonnigen Standort auf möglichst tiefgründigen, humus- und nährstoffreichen Böden. Da sie sehr groß wird, ist ein haltgebender Standort, wie z.B. vor einem Zaun, empfehlenswert.

▶ PFLANZUNG UND PFLEGE

Die Samen werden ab April vorgezogen oder Ende Mai direkt ins Beet gesät. Die Sonnenblume benötigt viel Wasser und regelmäßige Düngergaben. Damit sie nicht umknickt, hilft es, sie an einem Stock festzubinden.

———— STECKBRIEF ————

Blütezeit:	Juli–September
Blütenfarbe:	gelb
Höhe:	bis 3 m
Wuchs:	aufrecht

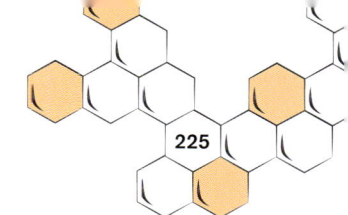
SONNENBRAUT *Helenium autumnale*

Die Sonnenbraut ist eine Staude, die mit etwa 40 Arten vertreten ist und zur Familie der Korbblütler *(Asteraceae)* gehört. Sie ist für Wild- und Honigbienen als Futterquelle von großer Bedeutung. Auch optisch ist sie im Staudenbeet wegen ihrer leuchtenden Blüten eine große Bereicherung. Der botanische Name *Helenium* entstand in Anlehnung an den griechischen Sonnengott Helios.

▶ STANDORT

Die in Nordamerika und Kanada verbreitete Pflanze gedeiht gut an einem sonnigen Platz, auf sandig-lehmigen, nährstoffreichen und feuchten Böden. Da die Sonnenbraut recht hoch wird, braucht sie viel Platz im Garten.

▶ PFLANZUNG UND PFLEGE

Die Sonnenbraut kann sowohl im Herbst als auch im Frühjahr gepflanzt werden. Damit sie gut anwächst, sollte sie regelmäßig gewässert werden. Das Abschneiden verblühter Köpfe fördert die Blütenbildung.

——— STECKBRIEF ———

Blütezeit:	Juli–September
Blütenfarbe:	gelb, rot, orange
Höhe:	bis 1 m
Wuchs:	aufrecht

STEINKLEE *Melilotus officinalis*

Der Steinklee, auch Gewöhnlicher Steinklee, Echter Steinklee oder Honigklee genannt, gehört zu den Hülsenfrüchtlern *(Fabaceae)*. Aufgrund seines enormen Pollen- und Nektarreichtums wird er gerne in der Nähe von Bienenstöcken ausgesät. Dass er eine hervorragende Bienenweide darstellt, lässt sich auch an seinem botanischen Namen erkennen: *Meli* bedeutet Honig.

▶ STANDORT

Der Steinklee ist in ganz Europa heimisch und wächst besonders gut auf Brachland, an Weg- und Ackerrändern sowie an Bahndämmen, also auf trockenen, kargen Böden.

▶ PFLANZUNG UND PFLEGE

Steinklee kann man im Frühjahr direkt ins Beet säen. Später wird er vereinzelt, sollte aber möglichst nicht verpflanzt werden. Die Pflanze ist anspruchslos und wächst auch auf kargen Böden.

——— STECKBRIEF ———

Blütezeit:	Juni–September
Blütenfarbe:	gelb
Höhe:	bis 150 cm
Wuchs:	aufrecht

THYMIAN *Thymus vulgaris*

Der Echte Thymian oder Quendel stammt aus der Familie der Lippenblütler *(Lamiaceae)* und wird als Gewürz- und Heilpflanze geschätzt. Thymianöl wirkt antibakteriell und hilft gegen Bronchitis. Als Gewürz wird Thymian vor allem in Suppen und Eintöpfen verwendet. Wegen seines hohen Nektargehalts und der langen Blühdauer ist der Thymian eine wichtige Futterpflanze für Bienen und andere Insekten.

▶ STANDORT

Im Kräuter- oder Steingarten auf sandigem Lehmboden oder auf steinigem Boden fühlt sich die Pflanze besonders wohl. Da sie aus der Mittelmeerregion kommt, benötigt sie viel Sonne.

▶ PFLANZUNG UND PFLEGE

Die jungen Pflänzchen können ab Ende April ins Kräuterbeet gesetzt werden, mit einem Abstand von 20 cm. Thymian ist unempfindlich, winterhart und benötigt auch im Sommer nur wenig Wasser.

─── STECKBRIEF ───

Blütezeit:	Mai–Oktober
Blütenfarbe:	weiß, rosa, violett
Höhe:	10–40 cm
Wuchs:	verzweigt

TROMPETENBAUM *Catalpa bignonioides*

Der aus Nordamerika stammende Zierbaum gehört zur Familie der Trompetenbaumgewächse *(Bignoniaceae)*. Er wird seit dem 18. Jahrhundert in Europa kultiviert. Der Trompetenbaum hat einen eher kurzen Stamm und eine ausladende, rundliche Krone. Seine Blüten, deren Trompetenform ihm den Namen gaben, üben eine große Anziehungskraft auf Bienen aus.

▶ STANDORT

Der Trompetenbaum wird überwiegend in Parks gepflanzt, aber auch im Garten ist er eine besondere Zierde. Voraussetzung dafür ist es allerdings, dass der Garten sehr groß ist, damit der Baum sich ausbreiten kann.

▶ PFLANZUNG UND PFLEGE

Da der Baum in jungen Jahren frostanfällig ist, empfiehlt sich eine Anpflanzung an einem geschützten Platz, der möglichst sonnig und nicht zu trocken sein sollte.

STECKBRIEF

Blütezeit:	Juni–Juli
Blütenfarbe:	weiß
Höhe:	bis 15 m
Wuchs:	Baum

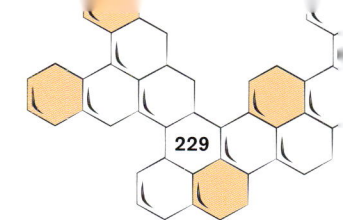
WEGWARTE *Cichorium intybus*

Die Wegwarte, auch Zichorie genannt, gehört zur Familie der Korbblütler *(Asteraceae)*. Die in Europa heimische Pflanze wächst meist am Wegesrand – daher der Name. Ihre Wurzel diente früher als preiswerter Kaffee-Ersatz und war als „Muckefuck" bekannt. Da die Wegwarte nur früh am Morgen ihre Blüten öffnet, wird sie hauptsächlich von frühfliegenden Wildbienen bestäubt.

▶ STANDORT

An Weg- und Ackerrändern findet die Wegwarte ideale Bedingungen: trockenen, nährstoffreichen Boden und ausreichende Sonneneinstrahlung. Auch im Garten gedeiht sie an einem entsprechenden Standort sehr gut.

▶ PFLANZUNG UND PFLEGE

Ab April können die Samen direkt ins Beet gesät werden. Sie müssen mit Erde abgedeckt werden, da sie Dunkelkeimer sind. Da die Wegwarte es lieber trocken mag, sind zusätzliche Wassergaben meist unnötig.

STECKBRIEF

Blütezeit:	Juli–September
Blütenfarbe:	blau
Höhe:	30–150 cm
Wuchs:	aufrecht

WICKE *Lathyrus latifolius*

Die Wicke, auch Platterbse genannt, gehört zur Familie der Hülsenfrüchtler *(Fabaceae)*. Sie wird weniger von Honigbienen angeflogen, als vielmehr von Wildbienen, wie z. B. der Holzbiene. Die mehrjährige Staude stammt ursprünglich aus Südeuropa. In Mitteleuropa verbreitete sie sich im 18. Jahrhundert und wurde wegen ihrer hübschen Blüten schon bald sehr geschätzt.

▶ STANDORT
Die Wicke mag einen sonnigen und windgeschützten Standort. Als Kletterpflanze ist sie für Zäune und Klettergerüste sehr geeignet und bevorzugt nährstoffreiche, kalkhaltige Böden.

▶ PFLANZUNG UND PFLEGE
Die Stauden-Wicke ist ein Kaltkeimer und sollte deshalb möglichst schon im Herbst ausgesät werden. Durch regelmäßiges Schneiden verlängert sich die Blütezeit.

—— STECKBRIEF ——

Blütezeit:	Mai–Juli
Blütenfarbe:	rosa bis purpur
Höhe:	bis 2 m
Wuchs:	kletternd

WIESEN-KNÖTERICH *Bistorta officinalis*

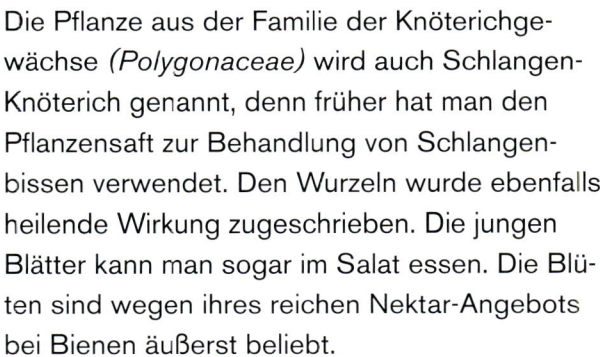

Die Pflanze aus der Familie der Knöterichge-
wächse *(Polygonaceae)* wird auch Schlangen-
Knöterich genannt, denn früher hat man den
Pflanzensaft zur Behandlung von Schlangen-
bissen verwendet. Den Wurzeln wurde ebenfalls
heilende Wirkung zugeschrieben. Die jungen
Blätter kann man sogar im Salat essen. Die Blüten sind wegen ihres reichen Nektar-Angebots
bei Bienen äußerst beliebt.

▶ STANDORT

Der Wiesen-Knöterich ist vor allem in Asien
und Europa verbreitet. Er wächst häufig auf
Feuchtwiesen, an Bachufern und in lichten
Auwäldern, wo er feuchten, nährstoffreichen
Boden bevorzugt.

▶ PFLANZUNG UND PFLEGE

Diese Knöterich-Art eignet sich sehr gut zur
Bepflanzung von Staudenbeeten. Sie ist pflegeleicht und wenn man sie nach der Blüte gleich
zurückschneidet und düngt, dann blüht sie sogar
ein zweites Mal.

— STECKBRIEF —

Blütezeit:	Mai–August
Blütenfarbe:	rosa, rot
Höhe:	20–100 cm
Wuchs:	geneigt, aufrechte Stiele

WILDER WEIN   *Parthenocissus spec.*

Der Wilde Wein, auch Jungfernrebe genannt, gehört zur Familie der Weinrebengewächse *(Vitaceae)* und umfasst 13 Arten. Die nektarreichen Blüten sind für Bienen eine wichtige Nahrungsquelle, insbesondere an Orten mit geringem Angebot, wie z. B. in Städten, wo der Wilde Wein oft zur Fassadenbegrünung genutzt wird. Im Herbst werden die kleinen Beerenfrüchte gerne von Vögeln verspeist.

▶ STANDORT

Die ursprünglich aus Nordamerika und Ostasien stammende Pflanze liebt tiefgründige, frische Böden. In Europa wächst sie an Hauswänden, Zäunen und Hecken und besticht vor allem im Herbst mit ihren schönen Rottönen.

▶ PFLANZUNG UND PFLEGE

An Fassaden und Wänden muss die Jungfernrebe regelmäßig zurückgeschnitten werden, da sie bis zu 1,5 m pro Jahr wächst. Der Wilde Wein ist unempfindlich gegen Krankheiten und äußerst robust.

—— STECKBRIEF ——

Blütezeit:	Juli–September
Blütenfarbe:	cremeweiß, gelblich
Höhe:	20–30 m
Wuchs:	kletternd

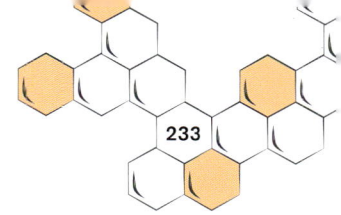
WINTERHEIDE   *Erica carnea*

Die Winterheide, auch Schneeheide genannt, ist ein Gewächs aus der Familie der Heidekrautgewächse *(Ericaceae)*, das in den gebirgigen Regionen Mittel- und Südeuropas auch in natürlicher Umgebung vorkommt. Sie ist ein beliebter Winterblüher und stellt aufgrund des frühen Blühzeitpunkts ab Januar bereits für die allerersten Hummeln und Bienen ein reiches Nahrungsangebot dar. Auch andere Insekten freuen sich über die attraktive Futterquelle.

▶ STANDORT

Der Zwergstrauch wächst in Mooren, auf Heiden und in lichten Wäldern sowie in Stein- und Heidegärten. Er liebt humosen, lockeren Boden und bevorzugt einen sonnigen bis halbschattigen Standort.

▶ PFLANZUNG UND PFLEGE

Am besten kommt die Winterheide zur Geltung, wenn sie in Gruppen oder als Bodendecker gesetzt wird. Die Pflanze ist pflegeleicht, sollte aber alle zwei bis drei Jahre nach der Blüte zurückgeschnitten werden.

STECKBRIEF

Blütezeit:	Januar–April
Blütenfarbe:	rosa, rot, weiß
Höhe:	bis 30 cm
Wuchs:	verzweigter Strauch

WINTERLING *Eranthis spec.*

Der Winterling aus der Familie der Hahnenfußgewächse *(Ranunculaceae)* kommt aus Südeuropa
und ist seit dem 16. Jh. bei uns heimisch. Er sieht
dem Buschwindröschen sehr ähnlich, ist aber
nicht weiß, sondern gelb. Als eine der ersten
Frühjahrsblumen ist er nicht nur bei Hummeln
und Wildbienen begehrt, sondern erfreut auch
das Auge der wintermüden Menschen. Achtung:
Die gesamte Pflanze ist sehr giftig.

▶ STANDORT
Der Winterling wächst in lichten Wäldern und
Parks, wo er häufig verwildert und schon bald
einen großen Blütenteppich bildet. In Beeten mit
durchlässigem und kalkhaltigem Boden fühlt er
sich besonders wohl.

▶ PFLANZUNG UND PFLEGE
Am besten pflanzt man im Frühling blühende Pflanzen ein. Dafür sollte der Boden aber frostfrei sein.
Der Winterling schätzt regelmäßige Humusgaben,
die aber nicht in den Boden eingearbeitet werden
dürfen, um die Knöllchen nicht zu verletzen.

STECKBRIEF

Blütezeit:	März–April
Blütenfarbe:	gelb
Höhe:	5–15 cm
Wuchs:	flachwüchsig

YSOP *Hyssopus officinalis*

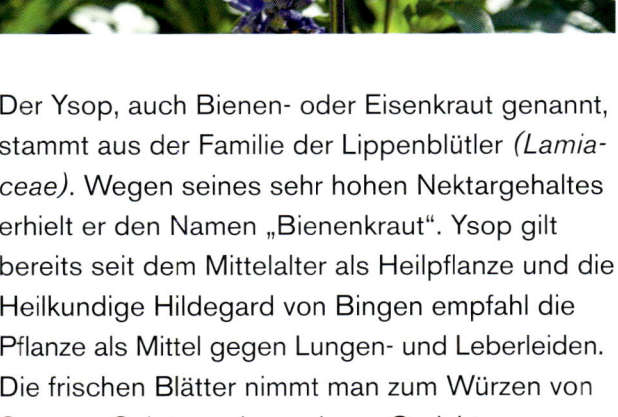

Der Ysop, auch Bienen- oder Eisenkraut genannt, stammt aus der Familie der Lippenblütler *(Lamiaceae)*. Wegen seines sehr hohen Nektargehaltes erhielt er den Namen „Bienenkraut". Ysop gilt bereits seit dem Mittelalter als Heilpflanze und die Heilkundige Hildegard von Bingen empfahl die Pflanze als Mittel gegen Lungen- und Leberleiden. Die frischen Blätter nimmt man zum Würzen von Suppen, Salaten oder anderen Gerichten.

▶ STANDORT

Der Ysop bevorzugt einen sonnigen Standort auf nährstoffreichem, sandigem und trockenem Lehmboden. Auch oben in einer Kräuterspirale fühlte er sich neben anderen Kräutern wohl.

▶ PFLANZUNG UND PFLEGE

Ysop-Samen können ab April vorgezogen werden und im Mai ins Freiland. Natürlich kann man auch fertige Pflanzen ins Beet setzen. Die Pflanze ist pflegeleicht und kann nach der Blüte zurückgeschnitten werden.

──── STECKBRIEF ────

Blütezeit:	Juli–September
Blütenfarbe:	violett, blau, rosa
Höhe:	30–60 cm
Wuchs:	buschig

WANN BLÜHT WAS?

Pflanze	Januar	Februar	März	April	Mai
Christrose, *Helleborus niger*	⬡	⬡	⬡		
Winterheide, *Erica carnea*	⬡	⬡	⬡	⬡	
Frühlings-Krokus, *Crocus vernus*			⬡	⬡	
Kornelkirsche, *Cornus mas*			⬡	⬡	
Winterling, *Eranthis spec.*			⬡	⬡	
Huflattich, *Tussilago farfara*			⬡	⬡	⬡
Sal-Weide, *Salix caprea*			⬡	⬡	⬡
Sauerkirsche, *Prunus cerasus*				⬡	
Schlehe, *Prunus spinosa*				⬡	
Apfel, *Malus domestica*				⬡	⬡
Berg-Ahorn, *Acer pseudoplatanus*				⬡	⬡
Japanische Scheinquitte, *Chaenomeles japonica*				⬡	⬡
Rosskastanie, *Aesculus spec.*				⬡	⬡
Löwenzahn, *Taraxacum officinale*				⬡	⬡
Akelei, *Aquilegia vulgaris*					⬡
Europäische Trollblume, *Trollius europaeus*					⬡
Rosmarin, *Rosmarinus officinalis*					⬡
Linde, *Tilia spec.*					⬡
Wicke, *Lathyrus latifolius*					⬡
Brombeere, *Rubus fruticosus*					⬡

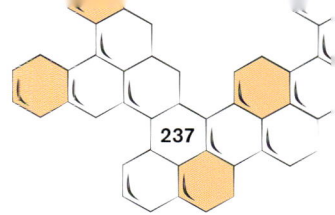

BLÜHKALENDER

| Juni | Juli | August | September | Oktober | November | Dezember |

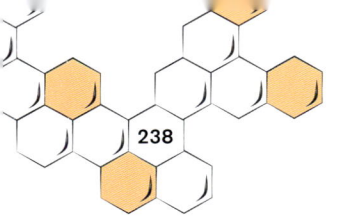

— WANN BLÜHT WAS? —

Pflanze	Januar	Februar	März	April	Mai
Faulbaum, *Frangula alnus Mill.*					●
Himbeere, *Rubus idaeus*					●
Katzenminze, *Nepeta spec.*					●
Wiesen-Knöterich, *Bistorta officinalis*					●
Flockenblume, *Centaurea spec.*					●
Schweden-Klee, *Trifolium hybridum*					●
Natternkopf, *Echium vulgare*					●
Thymian, *Thymus vulgaris*					●
Edelkastanie, *Castanea sativa*					
Blaue Himmelsleiter, *Polemonium caeruleum*					
Koriander, *Coriandrum sativum*					
Salbei, *Salvia officinalis*					
Trompetenbaum, *Catalpa bignonioides*					
Duftnessel, *Agastache spec.*					
Glockenblume, *Campanula spec.*					
Scharfer Mauerpfeffer, *Sedum acre*					
Schmalbl. Weidenröschen, *Epilobium angustifolium*					
Blutweiderich, *Lythrum salicaria*					
Borretsch, *Borago officinalis*					
Fette Henne, *Sedum telephium*					
Garten-Resede, *Reseda odorata*					

Juni	Juli	August	September	Oktober	November	Dezember

—————————————— WANN BLÜHT WAS? ——————————————

Pflanze	Januar	Februar	März	April	Mai
Kornblume, *Centaurea cyanus*					
Lilie, *Lilium spec.*					
Steinklee, *Melilotus officinalis*					
Bienenfreund, *Phacelia tanacetifolia*					
Kugeldistel, *Echinops ritro*					
Lavendel, *Lavandula angustifolia*					
Bienenbaum, *Tetradium daniellii*					
Dahlie, *Dahlia spec.*					
Oregano, *Organium vulgare*					
Sonnenblume, *Helianthus annuus*					
Sonnenbraut, *Helenium autumnale*					
Roter Sonnenhut, *Echinacea purpurea*					
Wegwarte, *Cichorium intybus*					
Wilder Wein, *Parthenocissus spec.*					
Ysop, *Hyssopus officinalis*					
Becherpflanze, *Silphium perfoliatum*					
Aster, *Aster spec.*					
Bartblume, *Caryopteris x clandonensis*					
Efeu, *Hedera helix*					

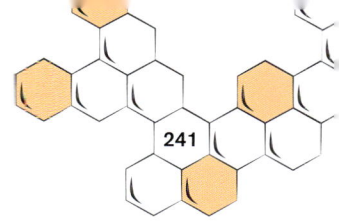

241

BLÜHKALENDER

Juni	Juli	August	September	Oktober	November	Dezember

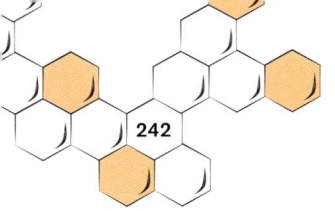

GLOSSAR

Wie viele besondere Aktivitäten hat auch die Imkerei ihre eigene „Sprache". In der Regel werden alle Fachbegriffe zu Bienen und zur Bienenhaltung erklärt, wenn sie im Text zum ersten Mal auftauchen, doch im folgenden Glossar sind die wichtigsten aufgeführt und nochmals erklärt.

ABDOMEN
Der Hinterleib eines Insekts.

ABLEGER
Ein kleiner Stock (meist zwei bis fünf Rahmen), der den Grundstock eines neuen Volkes bilden soll.

ABSPERRGITTER
Ein Metall- oder Plastikgitter, das genau in den Stock passt und Arbeiterinnen passieren lässt, während es Königin und Drohnen aus bestimmten Teilen aussperrt.

AFRIKANISIERTE HONIGBIENE
Eine Kreuzung aus der Ostafrikanischen Honigbiene und der in Südamerika lebenden Europäischen Honigbiene. Sie gilt – wie auch die Ostafrikanische Honigbiene – als besonders aggressiv, wenn es um die Verteidigung ihres Stocks geht.

ALARMPHEROMON
Ein Duftstoff, den eine Arbeiterin freisetzt, wenn sie sticht, zum Beispiel um ihr Volk zu verteidigen.

AMMENBIENE
Eine drei- bis zehntägige Biene, die die Brut füttert und wärmt.

APIS MELLIFERA
Gattungs- und Artbezeichnung der Europäischen oder Westlichen Honigbiene.

ARBEITERIN
Eine weibliche Biene mit unentwickelten Reproduktionsorganen. Bis auf die Eiablage erledigt sie alle Aufgaben im Stock.

BAKTERIUM
Ein Angehöriger einer großen Gruppe einzelliger Parasiten oder saprophytischer Mikroorganismen.

BEFRUCHTUNG
Vereinigung einer weiblichen mit einer männlichen Eizelle.

BESTÄUBUNG
Der Prozess der Übertragung von Pollen vom Staubgefäß auf die Narbe, Samenanlage, Blüte oder Pflanze zur Befruchtung. Insekten, wie z.B. Bienen spielen dabei eine lebenswichtige Rolle.

BEUTE
Ein noch unbewohntes, künstliches Zuhause für Bienen.

BIENENABSTAND
Der Raum in einem Stock, den die Bienen zwischen Waben frei lassen und in dem sie leben und arbeiten. Er beträgt fünf bis acht Millimeter.

BIENENHAUS
Der Ort, an dem Honigbienenvölker und Stöcke gehalten werden. Man bezeichnet es auch als Apiarium.

BIENENWACHS
Eine besondere Substanz, die von acht Drüsen im Hinterleib der Bienen abgesondert wird. Sie dient zum Bau der sechsseitigen Zellen der Wabe und zum Versiegeln von Löchern im Stock oder Nest.

BRUSTKORB
Der mittlere Abschnitt des Bienenkörpers. An ihm befinden sich die Beine, bei geflügelten Insekten auch die Flügel sowie die meisten Körpermuskeln, die zur Fortbewegung dienen.

BRUT
Die unreifen, noch nicht ausgewachsenen Entwicklungsstadien der Bienen, also Eier, Larven (auch Maden genannt) und Puppen.

BRUTRAUM
Der Teil des Nests oder Stocks, in dem die Brut in sogenannten Brutwaben großgezogen wird.

DACH
Die oberste, wetterfeste Abdeckung eines Bienenstocks.

DECKELPLATTE
Innere Stockabdeckung unter dem Dach. Kann aus Holz sein oder eine starke Plastikfolie. Der Teil des Nests, in dem die Brut aufgezogen wird.

DROHNE
Männliche Honigbiene.

DROHNENWABE
Wabe mit etwas größeren Zellen, in die die Königin Eier legt, die sich zu Drohnen entwickeln werden.

EI
Erste Phase im Lebenszyklus einer Biene.

ENTDECKELUNGSMESSER
Spezialwerkzeug eines Imkers zum Entfernen der Deckel von versiegelten Honigwaben.

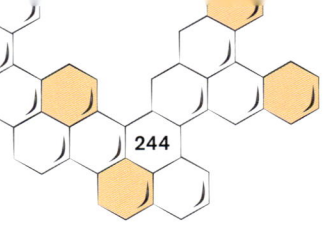

FACETTENAUGE

Eines der paarigen Augen in einem Insektenkopf, das aus vielen Einzelaugen besteht, den Ommatidien.

FALZ

Eine der Leisten auf den inneren oberen Rändern einer Zarge, von der die Rahmen herabhängen.

FAULBRUT

Ansteckende Bakterieninfektion von Honigbienen.

FLUGLOCHVERKLEINERER

Vorrichtung, meist aus Holz oder Metall, zum Verkleinern des Stockeingangs, damit der Stock leichter gegen Räuber verteidigt werden kann und vor Wind und Wetter geschützt ist.

FRUCHTBARE KÖNIGIN

Eine Königin, die befruchtete Eier legen kann.

FUTTERSUCHE

Das Suchen und Sammeln von Pollen, Nektar, Wasser und Propolis von Bienen außerhalb des Nests.

FÜTTERER

Ein Gerät, mit dem Honigbienen mit Zuckersirup gefüttert werden können.

GELÉE ROYALE

Eine sehr nährstoffhaltige Nahrung aus den Drüsensekreten von Arbeiterinnen. Für einige Tage erhalten es alle Larven, danach nur noch die Larven in den Weiselzellen.

GIFT

Die Chemikalie, die beim Biss oder Stich bestimmter Tiere in die Haut injiziert wird. Bei Honigbienen erfolgt das über den Stachel.

GRIFFEL

Der meist längliche Teil des weiblichen Reproduktionsapparats einer Blüte.

HAMULI

Häkchen am Vorderrand des Hinterflügels bei Bienen, durch die beide Flügel verbunden sind.

HAUTFLÜGLER

Die Ordnung in der Klasse der Insekten, zu der Bienen, Wespen und Ameisen gehören.

HINTERLEIB

Der größte Körperabschnitt eines Insekts, der bei einer Biene bis zu einem Drittel der Körperlänge ausmacht. Im Hinterleib befinden sich die Honigblase, der Darm und einige andere Teile des Verdauungssystems, ferner die Reproduktionsorgane, der Stachel, die Wachsdrüsen und die Nassanoffsche Drüse.

HOCHZEITSFLUG
Der Flug, bei dem sich eine junge Königin mit einer oder mehreren Drohnen paart.

HONIGANZEIGER
Ein Vogel, der sich darauf spezialisiert hat, andere zu Wildbienennestern zu führen, und sich von den Wachsmottenlarven darin ernährt.

HONIGBLASE
Der Teil des Verdauungssystems einer Biene, der dazu dient, Nektar und Wasser zurück in den Stock zu transportieren.

HONIG
Süße Substanz, die die Bienen aus dem Nektar von Blüten erzeugen und die ihnen als Nahrungsquelle dient. Honig besteht hauptsächlich aus Glukose und Fruktose, enthält aber auch kleine Mengen Saccharose, Wasser, Enzyme und Mineralien. Er wird von den Imkern geerntet.

HONIGWABE
Der Teil des Nestes oder Stockes, in dem die Bienen Honig einlagern.

HONIGÜBERSCHUSS
Honig im Stock, den die Bienen nicht benötigen und der vom Imker entnommen werden kann.

HYPOPHARYNXDRÜSEN
Drüsen im Kopf von Arbeiterinnen, die das Gelée Royale produzieren, auch Futterdrüsen genannt.

IMKEREI
Das Halten und Aufziehen von Bienen, besonders wegen ihres Honigs.

IMKER
Jemand, der Honigbienen hält.

ITALIENISCHE BIENE
Beliebte und verbreitete Unterart der Honigbiene.

KAPBIENE
Eine dunkel gefärbte Unterart der Honigbiene aus den Küstengebieten von Südafrika.

KAUKASISCHE BIENE
Unterart der Honigbiene aus dem Kaukasus.

KOPF
Der erste der größeren Körperabschnitte eines Insekts wie der Honigbiene. Er enthält Augen, Fühler, Mundwerkzeuge und diverse andere Strukturen wie z. B. Drüsen.

KRAINER BIENE
Eine südosteuropäische Unterart der Honigbiene. Von Imkern als „Carnica" bezeichnet.

KUNDSCHAFTERIN
Eine Biene mit der Aufgabe, Futter, Wasser oder Propolis zu finden. Kundschafterinnen suchen auch die Gegend nach einem neuen Zuhause für das Volk ab, wenn das nötig wird.

KUNSTSCHWARM
Eine Kiste mit einigen Arbeiterinnen und einer Königin, die mit der Absicht erworben wurde, ein neues Volk zu gründen.

KÖNIGIN
Eine besondere Form der weiblichen Biene und größer als die Arbeiterin; Königinnen sind zur Reproduktion fähig.

KÖNIGINNENKÄFIG
Ein kleiner schachtelartiger Käfig, der zum Transport und zum Einführen einer Königin in ein fremdes Volk dient. Sein Ausgang ist mit Futterbrei verlegt.

LARVE

Beinloses, raupenartiges zweites Entwicklungsstadium im Leben von Insekten.

LEGERÖHRE

Der oft röhrenförmige Apparat vieler Tiere, auch der Honigbiene, zum Eierlegen.

MANDIBULARDRÜSE

Eine Drüse im Kopf von Königinnen, die den Weiselstoff erzeugt, ein Pheromon, dessen Vorhandensein für die korrekte soziale Ordnung im Volk sorgt.

MARKIERTE KÖNIGIN

Eine Königin, die der Züchter, der sie verkauft, mit einem Farbklecks auf dem Brustabschnitt markiert hat. So ist sie im Stock leichter zu finden und als die richtige Königin zu erkennen.

METAMORPHOSE

Umwandlung von einem Entwicklungsstadium zum nächsten. Bei den Bienen sind das Ei, Larve, Puppe und ausgewachsene Biene.

MIKROORGANISMEN

Organismen, die zu klein sind, um sie ohne Mikroskop zu sehen.

MITTELWAND

Wand mit Wabenmuster als Grunlage für den Wabenbau der Bienen, aus Wachs oder aus Plastik.

NACHSCHAFFEN

Das Ersetzen einer Königin durch ihre Tochter in demselben Stock.

NARBE

Der oberste Teil der weiblichen Reproduktionsorgane, auf dem der Pollen vor der Befruchtung landet.

NEKTAR

Süße Flüssigkeit, die viele Blütenpflanzen absondern, um Insekten zur Bestäubung anzuziehen.

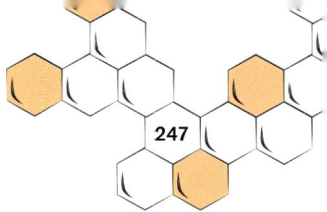

OCELLEN

Augen auf dem Kopf von vielen Insekten, die keine Bilder erzeugen, aber Licht wahrnehmen und bei der Orientierung halfen. Eine Honigbiene hat drei Ocellen.

PHEROMON

Von einer Drüse erzeugter chemischer Duftstoff, der eine Botschaft von einem Tier auf das andere überträgt. Bienen verwenden mehrere unterschiedliche Pheromone zur Kommunikation innerhalb des Volkes.

POLLENKÖRBCHEN

Besondere Region auf dem hinteren Beinpaar einiger Bienen, darunter auch der Honigbienen, das zum Transport von Pollen dient, der in Blüten gesammelt wurde.

POLLEN

Männliche Samenzellen von Pflanzen, wichtiges Bienenfutter.

PROBOSCIS

Die röhrenartigen Saugwerkzeuge einer Biene („Zunge").

PROPOLIS

Eine Substanz, mit der die Bienen die Waben verstärken und desinfizieren, Risse versiegeln und Fluglöcher verkleinern. Sie wird aus dem gesammelten Harz bestimmter Pflanzen und Enzymen der Bienen hergestellt.

PUPPE

Das dritte Entwicklungsstadium im Leben von Insekten, während dem es sich aus der Larve in das ausgewachsene Tier verwandelt.

RAHMEN

Vierseitige Struktur, die eine Mittelwand und darauf gebaute Waben oder Naturwaben enthält.

RÄUBEREI

Die Handlung, bei der Bienen Honig aus einem anderen Stock stehlen.

SAFTMAL

Blütenstruktur, die Insekten zum Nektar führt.

SCHEIBENHONIG

Auch Wabenhonig. Honig, der in der Wabe verkauft wird.

SCHLEIER

Der gardinenartige Vorhang, der am Hut der Schutzausrüstung eines Imkers angebracht ist, um Bienen vom Gesicht fernzuhalten.

SCHLEUDER

Gerät, um Honig mit Zentrifugalkraft aus der Wabe zu bekommen.

SCHLEUDERHONIG

Flüssiger Honig, der aus der Wabe mit einer Schleuder gewonnen wird.

SCHWARM

Eine Gruppe von Bienen, bestehend aus etwa der Hälfte der Arbeiterinnen, einigen Drohnen und der Königin, die aus dem ursprünglichen Nest oder Stock ausziehen, um ein neues Volk zu gründen.

SCHWÄNZELTANZ

Eine Reihe von Bewegungen in Form einer Acht, mit der Bienen andere Stockbewohnerinnen von der Lage und Qualität eines Futtervorkommens außerhalb des Stocks informieren.

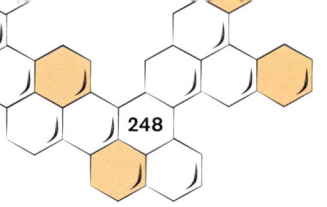

SMOKER
Ein Gerät zur Raucherzeugung. Rauch macht den Bienen Angst, was nach außen wie Beruhigung wirkt, und wird eingesetzt, wenn Imker mit einem Volk arbeiten.

SPERMATHEK
Ein inneres Organ im Hinterleib der Königinnen zum Speichern des Spermas einer Drohne. Die Königin setzt etwas Sperma aus der Spermathek frei, um ein Ei unmittelbar vor dem Legen zu befruchten.

STACHEL
Die umgebildete Legeröhre eines Insekts wie einer Honigbiene, die Arbeiterinnen dazu verwenden, das Nest oder den Stock zu verteidigen. Der Stachel der Königin dient dazu, ihre Rivalinnen zu töten.

STAMEN
Staubgefäß – eine der meist filigranen Strukturen, die den Staubbeutel einer Blüte tragen.

STAUBGEFÄSS
Der Teil der Blüte, der die männlichen Samenzellen, den Pollen, erzeugt.

STERZELN
Methode, mit der Arbeiterinnen Sammlerinnen erleichtern, den Stock wiederzufinden, indem sie ein bestimmtes Pheromon vor dem Stock freisetzen.

STOCK
Ein von einem Volk bewohntes künstliches Zuhause für Bienen.

STOCKMEISSEL
Werkzeug des Imkers zum Öffnen der Stöcke, Trennen der Rahmen voneinander und zum Entfernen von Wachs und Propolis.

TANZ
Eine der zahlreichen tanzartigen Bewegungen der Arbeiterinnen, mit denen sie anderen Stockbewohnern die Lage und Qualität einer Nahrungsquelle mitteilen. Siehe auch Schwänzeltanz.

THORAX
Der Brustkorb der Biene.

TRACHEENMILBEN
Ein Parasit mit dem wissenschaftlichen Namen *Acarapis woodi*, das die Tracheen der Bienen befällt.

TRACHT
Das gesamte Volumen an Nektar. Pollen und Honigtau, den die Bienen in einer Saison eintragen.

TRAUBE
Eine Gruppe von Bienen, die sich zum Schutz vor Kälte zusammendrängt.

UMWEISELN
Die Königin eines Volkes durch eine andere ersetzen.

VARROAMILBE
Parasitäre Milbe, lateinischer Name *Varroa destructor*, die Puppen der Honigbiene und ausgewachsene Tiere befällt.

VERDECKELTE BRUT
Puppen, deren Zellen mit Wachs versiegelt wurden, während sie sich zur Biene entwickeln.

VIRUS
Einer von vielen mikroskopisch kleinen Organismen, die sich nur in einer fremden Zelle vermehren und ihren Lebenszyklus vollenden können. Viele sind Krankheitserreger.

VOLK
Die erwachsenen Bienen und ihre Brut, die in einem Stock oder Nest zusammenleben.

WABE
Ein Blatt aus sechsseitigen Zellen aus Bienenwachs, in denen Honig und Pollen gelagert oder die Brut aufgezogen wird.

WACHSMOTTEN
Die Larven der Mottenart *Galleria mellonella* schädigen Brutwaben.

WEISELSTOFF
Ein Pheromon, das von einer Königin absondert wird. Die richtige Menge Weiselstoff sorgt im ganzen Stock für Stabilität.

WEISELZELLE
Eine längliche Zelle, in der eine Königin heranwächst. Königinnenzellen hängen vertikal vor der Wabe herunter, während Arbeiterinnen- und Drohnenzellen kleiner und horizontal angelegt sind.

ZARGE
Ein Bauteil des Stocks, der auf die Brutkammer gesetzt wird und in dessen Waben Bienen überschüssigen Honig ernten.

ZELLE
Eine der sechsseitigen Abteilungen einer Bienenwabe, erbaut von den Arbeiterinnen zur Aufzucht der Brut und zum Speichern von Nahrung.

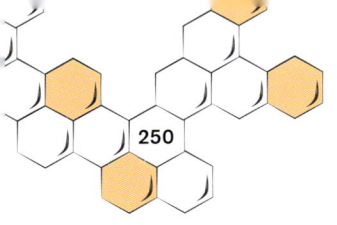

REGISTER

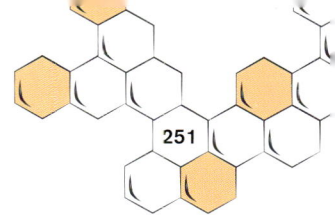

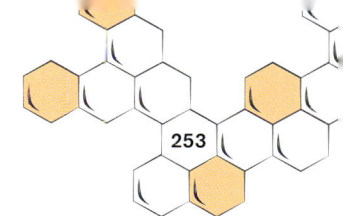

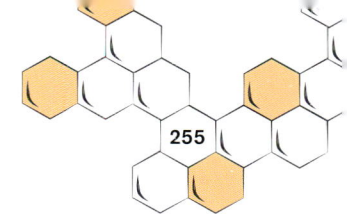

Erstveröffentlichung unter dem Titel:
„Bees & Bee-Keeping"
© Regency House Publishing Limited

Genehmigte Lizenzausgabe
Neuer Kaiser Verlag GmbH
Industriestraße 19
64407 Fränkisch-Crumbach 2020
www.neuer-kaiser-verlag.de

Übersetzung: Dr. Ulrike Müller-Kaspar/Die Textwerkstatt
Layout, Satz und Umschlaggestaltung:
design cat GmbH

ISBN 978-3-8468-3002-4